新疆人民出版总社
新疆人民卫生出版社

图书在版编目（CIP）数据

0～6岁宝宝营养食谱2880例 / 孙晶丹主编. -- 乌鲁木齐 : 新疆人民卫生出版社, 2016.11
ISBN 978-7-5372-6777-9

Ⅰ. ①0… Ⅱ. ①孙… Ⅲ. ①婴幼儿—保健—食谱
Ⅳ. ①TS972.162

中国版本图书馆CIP数据核字（2016）第277578号

0～6岁宝宝营养食谱2880例

0～6 SUI BAOBAO YINGYANG SHIPU 2880 LI

出版发行 新疆人民出版总社
新疆人民卫生出版社
责任编辑 张 鸥
策划编辑 深圳市金版文化发展股份有限公司
摄影摄像 深圳市金版文化发展股份有限公司
封面设计 深圳市金版文化发展股份有限公司
地　　址 新疆乌鲁木齐市龙泉街196号
电　　话 0991-2824446
邮　　编 830004
网　　址 http: //www.xjpsp.com

印　　刷 深圳市雅佳图印刷有限公司
经　　销 全国新华书店
开　　本 173毫米×243毫米　16开
印　　张 18
字　　数 200千字
版　　次 2016年12月第1版
印　　次 2016年12月第1次印刷
定　　价 29.80元

前言 Foreword

每一个宝宝都是父母的心头肉，宝宝的健康成长是每个家庭最大的心愿。0~6 岁是宝宝生理和心理的高速发展期，这个时期摄入全面均衡的营养对宝宝来说就极为重要。目前影响中国婴幼儿营养健康的因素有膳食结构不合理、多项微量元素的不足等。

本书结合 0~6 岁宝宝在每个阶段的身体发育特点和营养需求，为每个阶段的宝宝都量身定做了多道营养食谱，从原材料挑选到做菜步骤，一站式教宝妈怎么做。此外每道菜都配有高清美图，给宝妈视觉上的美好体验，让宝妈能快速学会。

本书第一、二、三部分，根据 1 岁以下、1~3 岁和 3~6 岁宝宝的发育特点和营养需求，有针对性地介绍了将近 200 道食谱，方便宝妈选择。

本书第四部分，从季节特点着手，介绍了宝宝不同季节所应该注意的饮食调养特点，让宝宝拥有强壮的身体。

本书第五部分，针对宝宝常见的十种病症，提供了多道食疗菜谱，让宝宝不吃药、不打针就能缓解症状。

本书结构清晰，有针对性，能更好地让家长学会如何给宝宝做“大餐”，帮助宝宝吃得好、睡得香，更健康、更快乐地成长。

CONTENTS

Chapter 1
0~1岁：让“娇宝宝”断奶的营养辅食

Chapter 2
1~3 岁：让“淘娃娃”安静的营养菜单

Chapter 3
3~6岁：让“小大人”长高的营养食谱

Chapter 4
四季食谱：让宝宝每个季节都强壮

Chapter 5
常见病食谱：对症下“食”才能让宝宝更健康

Chapter 1　0~1 岁：让“娇宝宝”断奶的营养辅食

从初次用嘴接触除母乳或牛乳外的食物开始，宝宝就要开始摄入各种各样生长发育所需的营养素，才能够一天天茁壮成长。

家长们在期待的同时，也有很多新晋父母对于宝宝的喂养颇感压力。

应该何时给宝宝添加辅食比较好？什么时候应该开始断乳？

断乳期的宝宝应该吃什么食物好呢？怎么判断宝宝是否吃饱呢？

这一章节就各种关于宝宝断乳期、喂养方面的问题给出答案。

napu

宝宝辅食几个月开始添加比较合适

一般从 4~6 个月开始就可以给宝宝添加辅食了，但每个宝宝的生长发育情况不一样，存在着个体差异，因此添加辅食的时间也不能一概而论。可以通过以下几点来判断是否应开始添加。

1 体重

婴儿体重需要达到出生时的 2 倍，至少达到 6 千克。

2 发育

宝宝能控制头部和上半身，能够扶着或靠着坐，胸能挺起来，头能竖起来，宝宝可以通过转头、前倾、后仰等来表示想吃或不想吃，这样就不会发生强迫喂食的情况。

3 吃不饱

宝宝经常半夜哭闹，或者睡眠时间越来越短，每天喂养次数增加，但宝宝仍处于饥饿状态，一会儿就哭，一会儿就想吃。当宝宝在 6 个月前后出现生长加速期时，是开始添加辅食的最佳时机。

4 行为

如别人在宝宝旁边吃饭时，宝宝会感兴趣，可能还会来抓勺子、抢筷子。如果宝宝将手或玩具往嘴里塞，说明宝宝对吃饭有了兴趣。这个时间可以尝试让宝宝自己进食，并在一旁加以指导，以免让勺子、筷子等物品刺伤宝宝娇嫩的皮肤。

5 吃东西

如果当父母舀起食物放进宝宝嘴里时，宝宝会尝试着舔进嘴里并咽下，宝宝笑着，显得很高兴、很好吃的样子，说明宝宝对吃东西有兴趣，这时就可以放心给宝宝喂食了。如果宝宝将食物吐出，把头转开或推开父母的手，说明宝宝不愿吃，也不想吃。父母一定不能勉强，隔几天再试试。

添加辅食要遵循什么原则？

照宝宝的营养需求和消化能力，遵照循序渐进的原则进行添加。一种辅食应该经过 5~10 天的适应期，再添加另一种食物，适应后再由一种食物到多种食物混合食用。

1 不宜过早添加辅食

于宝宝而言，母乳的营养是最好的。辅食添加太早会使母乳的吸收量相对减少，宝宝可能也会因为消化功能欠成熟而出现呕吐、腹泻等现象。

3 由稀到稠

在开始添加辅食时，宝宝还没有长出牙齿，因此给宝宝添加辅食时，应该先从流质开始添加，到半流质再到固体。

5 不能强迫进食

给宝宝喂辅食时，如果宝宝不愿意再吃某种食物时，可以改变方式，比如，在宝宝口渴的时候给予新的饮料，饿的时候给予新的食物等。但不能强迫宝宝进食，应该创造一个快乐和谐的进食环境。

7 质地由细到粗

辅食的质地开始时可以先制作成汁或泥，口感要嫩滑，锻炼宝宝的吞咽能力，为以后过渡到固体食物打下基础。

2 由单一到混合

按照宝宝的营养需求和消化能力，遵照循序渐进的原则进行添加。一种辅食应该经过 5~10 天的适应期，此时可以观察宝宝的消化情况、是否过敏等，再尝试另一种食物，最后再逐渐过渡到同时添加多种辅食。

4 从少量到多量

每次给宝宝添加新的食物时，一天只能喂一次，最好是在两次喂奶之间，而且量不要大，开始的时候可以用温开水稀释，第一天每次一汤匙，第二天每次 2 汤匙……直至第 10 天，即 10 汤匙。

6 吃流质或泥状食物不宜过长

不适宜长时间给宝宝吃流质或泥状的食物，这样很容易使宝宝错过发展咀嚼能力的关键时期，可能会导致宝宝在咀嚼食物方面产生障碍。一般在 10 个月左右，就可以给宝宝初步尝试固体状食物了，可以观察宝宝的咀嚼能力，完成从流质到固体的一个循序渐进的过程。

每个时间段添加辅食的要点是什么？

宝宝长得很快，每个时间点对于营养的需求都不尽相同。那么在添加辅食的时间上，有什么需要注意的地方呢？

3～4个月辅食添加要点

出生后 3~4 个月的宝宝对声音及光会有反应，逗弄他时会高兴地发出声音。宝宝喝了母乳才没多久就又想喝了，这个时候就应该确认母乳或牛乳是否足够以及宝宝的发育状况，渐渐地也该开始准备断乳食，如低温开水、果汁、汤水等。

断奶预备期是指给宝宝吃些半流体糊状辅助食物，以逐渐过渡到能吃较硬的各种食物的过程。3~4 个月宝宝的饮食仍然是以母乳或配方奶粉为主，辅食添加以尝试为主要目的，添加的量从 1~2 勺开始，以后逐渐增加。添加辅食可以补充宝宝营养所需，还能锻炼宝宝的咀嚼、吞咽和消化能力，促进宝宝的牙齿发育，也是为之后的断奶做准备。

刚开始的时候，喂的食物应稀一些，呈半流质状态，为以后吃固态食物做准备。应用勺子喂，不要把断奶食物放在奶瓶里让婴儿吮吸，对婴儿来说，“吞咽”与“吮吸”是截然不同的两件事。吞咽断奶食物的过程是一个逐渐学习和适应的过程。这个过程中，婴儿可能会出现一些状况，如吐出食物、流口水等。因此，每种食物刚开始喂的时候要少一些，先从 1~2 勺开始，等到婴儿想多吃一些时再增加喂的量，一般一个星期左右婴儿就可以度过适应期了。婴儿的摄取量每天都在变化，因此只要隔几周少量地增加断奶食品的摄取量，就能自然地减少哺乳量。在这个时期，婴儿只能吃果汁或非常稀薄的断奶食品，因此需要通过母乳或奶粉补充所需的营养。

5~6个月辅食添加要点

5~6 个月的时候，宝宝已经开始长牙，开始能消化稀糊状的食物了。这时，宝宝吃的食物还是比较单一的，量也需要适应一段时间后再增加。妈妈可以给宝宝准备一些蔬菜、水果、蛋黄糊，并适当增大食物的颗粒，刺激宝宝牙齿的生长，让宝宝充分咀嚼后尝到食物的美味，增加宝宝的食欲。

5~6 个月的宝宝绝大部分还没有长出牙齿，而乳牙将萌出，喜欢吞咽食物，故此时的宝宝非常适合食用稀糊状食物。

对于特别喜爱稀糊状食物的宝宝，可以先喂奶后再喂稀糊状食物；而如果开始时，宝宝不太爱吃稀糊状食物的话，妈妈可以先吃稀糊状食物后再喂奶，也可以将食物营养带给宝宝。

每添加一种新的辅食，家长们应该注意观察宝宝的大便。如果出现腹泻，说明宝宝发生了消化不良，应该暂时停止添加辅食；而如果宝宝的大便中带有未被消化的食物，则应该要将食物再做得更细小一些或减少喂食量。

7~8个月辅食添加要点

宝宝长到 7 个月时，就已经能吃一些鱼肉、肉末、肝末等食物了，肉中丰富的蛋白质等更能提供婴儿所需的营养。妈妈的母乳开始变少，质量也逐渐下降，这时需要做好断奶的准备。由于可添加的辅食种类变多，妈妈可以把食物分开搭配，将谷物、蛋肉、果蔬以适当比例做成蔬菜面糊或颗粒羹状食物，以增加宝宝的食欲和营养。

断奶中期的食物硬度以豆腐的程度为标准，这样的硬度就算不磨碎、不挤碎也无妨，将煮软的东西切碎后给宝宝吃。

断奶中期的食谱应该注意食物均衡：刚开始，1 天 2 次的喂食中，上午的 1 次给多些的量，下午则给上午量的一半，但是渐渐地将午后的餐量增加，1~2 周内以等量增加。同时，每次菜单中，白饭等五谷类，鱼、肉、蛋、大豆等含丰富蛋白质的食品至少 1 次，蔬果等则用两种种类来组合较为理想。

另外，第一次食用鸡肉，第二次则食用白色的鱼或蛋等，同样的食物用不同的种类来喂食较好。如此以味道的变化来避免宝宝对食物产生厌倦，并可以有效地吸取丰富的养分。

从断奶准备期至目前的食物都没有调味料，那么，此时也继续保持食材的原味。如果仍要调味的话，也只需要加入一点点，因为在这个时期，给宝宝尝试各种食物的味道，光是食物本身的变化，宝宝就会很满足了。

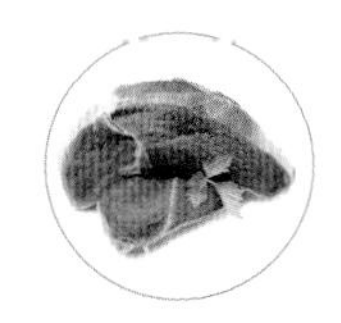
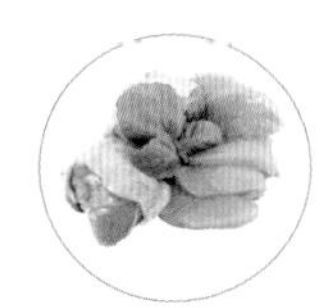

9~10个月辅食添加要点

9~10个月的宝宝又长大了许多，牙齿也萌出好几颗，要逐渐让宝宝把辅食过渡成主食，减少对母乳的依赖。妈妈可以准备一些果蔬牛奶的粥、羹来给宝宝吃，弥补母乳减少后维生素、钙的缺乏，还可以准备一些面包、饼干来锻炼宝宝的咀嚼能力，帮助牙齿生长发育。

这个时期的任务是建立咬食的力量和方法。宝宝前方的牙齿已经长出，但后方的牙齿还没长出，是利用长后齿地方的牙龈来嚼碎食物后再吞食。食物太软的话，会直接就吞食，太硬的话则会排斥吐出或是勉强地吞下，所以这个时期的食物硬度是非常重要的。标准是以牙龈能嚼碎的硬度，约是香蕉的硬度。另外，食物颗粒大小也做得比闭口咀嚼期时的大点，初期时，为避免造成宝宝对颗粒食物的排斥，可用明胶结冻，或放入茶碗蒸内，让宝宝在具有黏稠感的感触里，感觉到颗粒状食物。

11~12个月辅食添加要点

宝宝快一岁了，身体各方面都有了很大的变化，对于这个阶段的喂养，妈妈可以准备一些蔬菜、水果、肉末的粥，还有面糊、烂饭来丰富宝宝的食物种类。还应适当地增加宝宝的食量，并逐步地替代母乳，补充宝宝身体发育所需要的各种营养。

虽说是断乳食物结束期，但宝宝的咀嚼力仍很弱，所以不可给予与大人相同的食物。直到3岁左右，食物的软硬度与大小都是以幼儿为对象，所以烹调淡味是必要的。3岁以后，宝宝几乎能吃与大人相同的东西了。所以，当大人的料理烹调至一半时，就从中挖取些，再煮软一点，这样也可减轻母亲负担。此时宝宝的牙齿仍无法咬硬的东西，若是给予大人吃的东西的话，有时会产生疲倦，或造成厌恶吃饭的情绪。因此要控制好辅食的软硬度，以较软的汉堡肉为标准。

宝宝成长所需要的营养，几乎都从食物中摄取，所以请注意营养的均衡。如果顺着宝宝的食欲的话，那么会偏向糖分，而缺乏蔬菜。在设计菜单时，要考虑肉、鱼等含蛋白质的食物是否足够，或者绿黄色蔬菜和淡色蔬菜的均衡是否可以，而且要注意尽可能让宝宝尝试不同种类的食品。

0 ~ 6个月 宝宝营养辅食推荐：汤汁类

西瓜汁

材料：

西瓜 400 克

做法：

① 洗净去皮的西瓜切小块。

① 取榨汁机，选择搅拌刀座组合，放入西瓜，加入少许矿泉水。

③ 盖上盖，选择“榨汁”功能，榨取西瓜汁，倒入杯中即可。

西瓜里含有丰富的维生素 C。

苹果汁

材料：

苹果 90 克

做法：

① 苹果削皮，切成丁。

② 取榨汁机，选择搅拌刀座组合，倒入苹果丁和少许温开水，盖上盖。

③ 选择“榨汁”功能，榨取苹果汁，断电后倒入碗中即可。

喂养小贴士

苹果可促进生长发育、增强记忆力、安神助眠。

芹菜汁

材料：

芹菜 200 克

做法：

❶ 将洗净的芹菜切成粒状。

❷ 取榨汁机，选择搅拌刀座组合，倒入芹菜粒，注入少许矿泉水，盖上盖。

❸ 通电后选择“榨汁”功能，榨一会儿，使食材榨出汁水，断电后倒入杯中即成。

猕猴桃汁

材料：

猕猴桃果肉 100 克

做法：

❶ 猕猴桃果肉切小块，倒入榨汁机。

❷ 注入适量纯净水，盖好盖子，选择“榨汁”功能，榨出果汁。

❸ 断电后倒出猕猴桃汁，装入杯中即成。

胡萝卜汁

材料：

胡萝卜 85 克

做法：

❶ 洗净的胡萝卜切小块，倒入榨汁机。

❷ 注入适量纯净水，盖好盖子，选择“榨汁”功能，榨出胡萝卜汁。

❸ 断电后倒出胡萝卜汁，装入杯中即成。

苦瓜汁

材料：

苦瓜肉 100 克，柳橙汁 120 毫升

调料：

白糖 10 克

做法：

❶ 取榨汁机，放入苦瓜丁，倒入柳橙汁。
❷ 倒入少许纯净水，撒上适量白糖，盖好盖子。
❸ 选择“榨汁”功能，榨取蔬果汁，断电后，将蔬果汁倒入杯中即可。

黄瓜汁

材料：

黄瓜 140 克

调料：

蜂蜜 25 克

做法：

❶ 黄瓜去皮切小块，倒入榨汁机中，加入少许蜂蜜。
❷ 注入适量纯净水，盖好盖子，选择“榨汁”功能，榨出蔬菜汁。
❸ 断电后滤出黄瓜汁，装入杯中即可。

雪梨汁

材料：

雪梨 270 克

做法：

❶ 洗净去皮的雪梨切开，去核，把果肉切成小块，备用。
❷ 取榨汁机，选择搅拌刀座组合，倒入雪梨块，注入适量温开水，盖上盖。
❸ 选择“榨汁”功能，榨取汁水，断电后倒入杯中，撇去浮沫即可。

橙汁

材料：

橙子肉 120 克

做法：

❶ 橙子肉切成小块，倒入榨汁机。

❷ 注入适量纯净水，盖好盖子，选择“榨汁”功能，榨出橙汁。

❸ 断电后倒出橙汁，装入杯中即可。

火龙果汁

材料：

火龙果 350 克

做法：

❶ 洗净的火龙果去除头尾，切开，去除果皮，将果肉切小块，备用。

❷ 取榨汁机，选择搅拌刀座组合，倒入切好的火龙果，注入适量温开水，盖上盖。

❸ 选择“榨汁”功能，榨取果汁，断电后将果汁倒入杯中即可。

凉薯汁

材料：

凉薯 300 克

调料：

蜂蜜 10 克

做法：

❶ 凉薯去皮切丁，倒入榨汁机，选择搅拌刀座组合，加入适量矿泉水。

❷ 盖上盖子，选择“榨汁”功能，榨取凉薯汁。

❸ 揭开盖子，加入蜂蜜，用勺子搅拌匀，倒入杯中即可。

橘子汁

材料：

橘子肉 60 克

做法：

❶ 取榨汁机，选择搅拌刀座组合，倒入橘子肉。

❷ 注入适量纯净水，盖上盖，选择“榨汁”功能，榨取橘子汁。

❸ 断电后倒出橘子汁，装入杯中即可。

山楂水

材料：

鲜山楂 75 克

调料：

白糖适量

做法：

❶ 山楂洗净，去蒂去核，切成小块。

❷ 砂锅中注水烧开，放入山楂，加盖烧开后用小火煮 15 分钟至熟。

❸ 揭盖，加入少许白糖，搅拌均匀，煮至溶化即可。

番石榴汁

材料：

番石榴 100 克

做法：

❶ 将洗净去皮的番石榴切成小块。

❷ 取榨汁机，倒入切好的番石榴，注入适量矿泉水。

❸ 选择“榨汁”功能，断电后倒入杯中即成。

玉米汁

材料：

鲜玉米粒 70 克

调料：

白糖适量

做法：

❶ 取榨汁机，倒入玉米粒和少许温开水，榨取汁水，断电后加入少许白糖，搅拌至糖分融化。

❷ 锅置火上，倒入玉米汁，加盖，烧开后用中小火煮约 3 分钟至熟，揭盖，倒入杯中即可。

油菜水

材料：

油菜 40 克

做法：

❶ 将洗净的油菜切小瓣，改切成小块，备用。

❷ 砂锅中注入适量清水烧开，倒入切好的油菜，拌匀。

❸ 盖上盖，烧开后用小火煮约 10 分钟至熟，关火揭盖，滤入碗中即可。

菠菜水

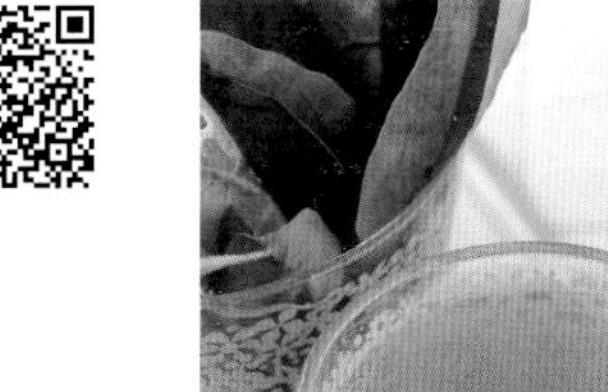

材料：

菠菜 60 克

做法：

❶ 将洗净的菠菜切去根部，再切成长段，备用。

❷ 砂锅中注入适量清水烧开，放入切好的菠菜，拌匀。

❸ 加盖，烧开后用小火煮约 5 分钟至其营养成分析出，关火，将汁水装入杯中即可。

红豆汤

材料：

水发红豆 150 克

调料：

冰糖 20 克

做法：

❶ 砂锅中注入适量清水烧开，倒入洗净的红豆，烧开后用小火煮约 60 分钟，至食材熟透。

❷ 揭盖，撒上适量的冰糖，搅拌匀，用中火至糖分溶化。

❸ 关火后盛出煮好的红豆汤，装在碗中即成。

大米汤

材料：

水发大米 100 克

调料：

白糖 10 克

做法：

❶ 取电饭锅，倒入大米，加入白糖，注入清水至水位线 1，拌匀。

❷ 盖上盖，选择“米粥”功能，开始蒸煮。

❸ 按“取消”键断电，盛出煮好的米汤，装入碗中即可。

南瓜泥

材料：

南瓜 200 克

做法：

❶ 洗净去皮的南瓜切成片，放入蒸碗，蒸锅上火烧开，中火蒸 15 分钟至熟。

❷ 揭盖，取出蒸碗，放凉待用。

❸ 取一个大碗，倒入蒸好的南瓜，压成泥，用小碗盛出即可。

蛋黄泥

材料：

鸡蛋 4 个，配方奶粉 15 克

做法：

1. 鸡蛋煮熟放凉，剥开取蛋黄装入碗中，压成泥状。
2. 将适量温开水倒入奶粉中，搅拌至完全溶化，倒入蛋黄中。
3. 搅拌均匀，装入碗中即可。

香蕉泥

材料：

香蕉 70 克

做法：

1. 洗净的香蕉剥去果皮。
2. 用刀碾压成泥状。
3. 取一个干净的小碗，盛入制好的香蕉泥即可。

水果泥

材料：

哈密瓜 120 克，西红柿 150 克，香蕉 70 克

做法：

1. 哈密瓜去皮去籽剁成末，西红柿剁成末，香蕉去皮剁成泥。
2. 取大碗，倒入西红柿、香蕉，再放入哈密瓜，搅拌片刻，使其混合均匀即可。

7~9 个月宝宝营养辅食推荐：泥糊状、半固体类

胡萝卜山竹柠檬汁

材料：

山竹 200 克

去皮胡萝卜 160 克

柠檬 50 克

做法：

1. 柠檬切瓣儿，胡萝卜切成块，山竹去柄，切开去皮，取出果肉，待用。
2. 备好榨汁机，倒入山竹、胡萝卜块、柠檬，倒入适量的凉开水。
3. 盖上盖，调至 1 档，榨取蔬果汁，将榨好的蔬果汁倒入杯中即可。

山药冬瓜汁

材料：

去皮山药 110 克

冬瓜 100 克

去皮白萝卜 90 克

调料：

蜂蜜 20 克

做法：

1. 将山药、冬瓜、去皮白萝卜切块，倒入榨汁机中。
2. 注入 80 毫升凉开水，榨约 25 秒成蔬菜汁。
3. 揭开盖，将榨好的蔬菜汁倒入杯中，淋上蜂蜜即可。

喂养小贴士

山药富含蛋白质、胆碱、维生素等营养成分。

南瓜芦荟汁

喂养小贴士

南瓜具有健脾养胃、保护视力等功效。

材料：

去皮南瓜 200 克，芦荟 100 克

调料：

蜂蜜适量

做法：

1. 南瓜切块，倒入沸水锅中，用大火煮 10 分钟至熟软，捞出煮熟的南瓜块，装盘待用。
2. 榨汁机中倒入熟南瓜块、芦荟块，注入 70 毫升凉开水，榨约 20 秒成南瓜芦荟汁。
3. 断电后将榨好的南瓜芦荟汁倒入杯中，淋上适量蜂蜜即可。

芦荟柠檬汁

喂养小贴士

芦荟含有大量的氨基酸、维生素、多糖类化合物、各种酶和矿物质。

材料：

芦荟 60 克，柠檬 70 克

调料：

蜂蜜 20 克

做法：

1. 芦荟去皮，取出瓤肉；柠檬切成瓣儿，去除皮。
2. 取榨汁杯，倒入芦荟、柠檬，注入适量的凉开水，装在机座上，调转旋钮到 1 档，开始榨汁。
3. 待时间到，揭开盖，将蔬果汁倒入杯中，淋上备好的蜂蜜即可。

葡萄胡萝卜汁

喂养小贴士

葡萄具有滋补肝肾、生津液、强筋骨、补益气血等功效。

材料：

葡萄 75 克，胡萝卜 50 克

做法：

❶ 胡萝卜切丁，洗好的葡萄切小瓣。

❷ 取榨汁机，选择搅拌刀座组合，倒入葡萄、胡萝卜，加入适量温开水。

❸ 盖上盖，选择“榨汁”功能，榨出蔬果汁，将榨好的蔬果汁倒入杯中即可。

香蕉葡萄汁

喂养小贴士

香蕉具清热润肠、增强免疫力等功效。

材料：

香蕉 150 克，葡萄 120 克

做法：

❶ 香蕉去皮，果肉切成小块，备用。

❷ 取榨汁机，选择搅拌刀座组合，将葡萄倒入搅拌杯中，再加入切好的香蕉，倒入适量纯净水。

❸ 盖上盖，选择“榨汁”功能，榨取果汁，将果汁倒入杯中即可。

翠衣果蔬汁

材料：

西瓜 170 克，葡萄 230 克，雪梨 110 克，莲藕 60 克

做法：

1. 西瓜切小块，莲藕滚刀块，雪梨切成小块，葡萄洗净。
2. 取榨汁机，选择搅拌刀座组合，放入所有食材，注入适量的纯净水，盖好盖子。
3. 选择“榨汁”功能，榨约 40 秒，将榨好的果汁滤入杯中即成。

圣女果胡萝卜汁

材料：

圣女果 120 克，胡萝卜 75 克

做法：

1. 胡萝卜切丁，圣女果对半切开。
2. 取备好的榨汁机，选择搅拌刀座组合，倒入切好的胡萝卜和圣女果，注入适量纯净水，盖上盖子。
3. 选择“榨汁”功能，榨出汁水，装入杯中即成。

胡萝卜橙汁

材料：

胡萝卜 120 克，橙子肉 80 克

做法：

1. 胡萝卜切小块，橙子肉切小块。
2. 取榨汁机，选择搅拌刀座组合，倒入切好的食材，注入适量的纯净水，盖好盖子。
3. 选择“榨汁”功能，榨取果汁，装入杯中即成。

混合果蔬汁

材料：

芹菜 30 克，西红柿 50 克，苦瓜肉 55 克，苹果 70 克，雪梨 85 克，柠檬片 30 克

调料：

蜂蜜 20 克

做法：

❶ 芹菜、苦瓜肉、西红柿、苹果、雪梨切小块。

❷ 食材倒入榨汁机中榨取汁水。

❸ 榨出蔬果汁，倒入杯中，加入少许蜂蜜，拌匀即成。

黄瓜苹果汁

材料：

黄瓜 120 克，苹果 120 克

调料：

蜂蜜 15 克

做法：

❶ 黄瓜切成丁，洗净的苹果切成小块，备用。

❷ 取榨汁机，倒入黄瓜、苹果、适量矿泉水，榨取果蔬汁。

❸ 揭盖，加入适量蜂蜜，选择“榨汁”功能，搅拌均匀，将榨好的果蔬汁倒入杯中即可。

胡萝卜泥

材料：

胡萝卜 130 克

做法：

❶ 胡萝卜洗净切片，装在蒸盘中，蒸锅上火烧开，用中火蒸约 15 分钟至食材熟软。

❷ 取出蒸好的胡萝卜，放入榨汁机，选择搅拌刀座组合，盖上盖子。

❸ 通电后选择“搅拌”功能，搅拌一会，制成胡萝卜泥，断电后装碗即成。

鸡汁土豆泥

材料：

土豆200克，鸡汁100毫升

调料：

盐2克

做法：

1. 土豆洗净切小块，放入蒸锅中蒸熟取出，压成泥状。
2. 锅中注水烧开，倒入鸡汁，放入盐，拌匀煮至沸腾。
3. 倒入土豆泥，拌煮1分30秒至熟透，起锅，盛出煮好的土豆泥，装入碗中即可。

三文鱼泥

材料：

三文鱼肉120克

调料：

盐少许

做法：

1. 蒸锅上火烧开，放入处理好的三文鱼肉，用中火蒸约15分钟至熟，放凉待用。
2. 取一个干净的大碗，放入三文鱼肉，压成泥状。
3. 加入少许盐，搅拌均匀至其入味，即可。

猕猴桃泥

材料：

猕猴桃90克

做法：

1. 洗净去皮的猕猴桃去除头尾，切开，去除硬心，再切成薄片，剁成泥。
2. 取一个干净的小碗，盛入做好的猕猴桃泥即可食用。

燕麦南瓜泥

材料：

南瓜 250 克，燕麦 55 克

调料：

盐少许

做法：

1. 将去皮洗净的南瓜切成片。
2. 燕麦装入碗中，加入少许清水浸泡一会。
3. 蒸锅置于旺火上烧开，放入南瓜、燕麦，用中火蒸 5 分钟至燕麦熟透。
4. 揭开锅盖，将蒸好的燕麦取出，待用。
5. 再盖上盖，继续蒸 5 分钟至南瓜熟软。
6. 揭开锅盖，取出蒸熟的南瓜。
7. 取一个干净的玻璃碗，将南瓜倒入其中，加入少许盐，用筷子搅拌均匀。
8. 加入蒸好的燕麦。
9. 快速搅拌 1 分钟至成泥状。
10. 最后将做好的燕麦南瓜泥盛入另一个碗中即可。

喂养小贴士

用手掐一下南瓜皮，如果表皮坚硬不留痕迹，说明南瓜老熟，这样的南瓜较甜。

香梨泥

材料：

香梨 150 克

做法：

1. 洗好的香梨切成小块。
2. 取榨汁机，选择搅拌刀座组合，倒入切好的香梨。
3. 盖上盖，选择“榨汁”功能，榨取果泥，将榨好的果泥倒入盘中即可。

茄子泥

材料：

茄子 200 克

调料：

盐少许

做法：

1. 茄子去头尾，去皮，改切成细条，放入蒸锅中，用中火蒸约 15 分钟至其熟软，取出放凉。
2. 将茄条放在案板上，压成泥状，装入碗中，加入少许盐，搅拌均匀，至其入味即可。

奶香土豆泥

材料：

土豆 250 克，配方奶粉 15 克

做法：

1. 将适量开水倒入配方奶粉中，搅拌均匀。
2. 土豆切成片，放入蒸锅上火烧开，用大火蒸 30 分钟至其熟软。
3. 用刀背将土豆压成泥，放入碗中。将调好的配方奶倒入土豆泥中，搅拌均匀即可。

苹果糊

材料：

水发糯米 130 克，苹果 80 克

做法：

❶ 苹果洗净切小块，待用。

❷ 奶锅中注入清水烧开，放入洗净的糯米，煮至熟软。

❸ 放凉后倒入苹果块，搅匀，制成苹果粥。

❹ 备好榨汁机，倒入苹果粥，搅碎食材，制成苹果糊。

❺ 奶锅置于旺火上，倒入苹果糊，边煮边搅拌，待苹果糊沸腾后关火即可。

玉米菠菜糊

材料：

菠菜 100 克，玉米粉 150 克

调料：

鸡粉 2 克，盐、食用油各少许

做法：

❶ 玉米粉装入碗中，倒入清水，搅成糊状；菠菜切成粒。

❷ 锅中注水烧开，放入食用油、盐、鸡粉、菠菜，煮沸。

❸ 一边搅拌，一边倒入备好的玉米面糊，再搅拌片刻，煮约 2 分 30 秒，关火盛出即可。

鸡肉糊

材料：

鸡胸肉 30 克，粳米粉 45 克

做法：

❶ 鸡胸肉切成泥，倒入锅中，注入适量开水。

❷ 稍煮片刻至鸡肉泥转色，盛出煮好的鸡肉汁。

❸ 取榨汁机，倒入冷却后的鸡肉汁榨约半分钟。

❹ 倒入奶锅中，加入粳米粉，用小火搅拌 5 分钟至鸡肉糊黏稠。

❺ 关火后盛出煮好的鸡肉糊，过滤到碗中即可。

红薯糊

材料：

红薯丁 80 克，粳米粉 65 克，清水适量

做法：

❶ 粳米粉加水，搅匀，再倒入红薯丁，搅匀，倒入沸水，用大火煮约 5 分钟，至食材熟软。

❷ 备好榨汁机，选择搅拌刀座组合，倒入红薯米糊，选择“榨汁”功能，待机器运转约 40 秒，搅碎食材。

❸ 奶锅置于旺火上，倒入红薯米糊，拌匀，大火煮沸，稍微冷却后食用即可。

豌豆糊

材料：

豌豆 120 克，鸡汤 200 毫升

调料：

盐少许

做法：

❶ 锅中注水，倒入豌豆，烧开后小火煮 15 分钟，捞出。

❷ 取榨汁机，倒入豌豆、100 毫升鸡汤，榨豌豆鸡汤汁。

❸ 把剩余的鸡汤倒入汤锅中，加入豌豆鸡汤汁，搅散后小火煮沸，放入少许盐，装碗即可。

莲子奶糊

材料：

水发莲子 10 克，牛奶 400 毫升

调料：

白糖 3 克

做法：

❶ 取豆浆机，倒入莲子、牛奶，加入白糖。

❷ 盖上机头，选择“米糊”选项，制成米糊。

❸ 将煮好的米糊倒入碗中，待凉后即可食用。

香蕉粥

材料：

去皮香蕉 250 克，水发大米 400 克

做法：

1. 洗净的香蕉切丁。
2. 砂锅中注入适量清水烧开，倒入大米。
3. 盖上盖，大火煮 20 分钟至熟。
4. 揭盖，放入香蕉，搅拌均匀。
5. 续煮 2 分钟至食材熟软，揭盖，搅拌均匀即可。

枣泥小米粥

材料：

小米 85 克，红枣 20 克

做法：

1. 蒸锅上火烧沸，放入红枣，蒸至红枣变软。
2. 将放凉的红枣切开，取出果核，捣成红枣泥。
3. 汤锅中注入适量清水烧开，倒入洗净的小米，搅拌几下，用小火煮约 20 分钟至米粒熟透。
4. 取下盖子，搅拌几下，再加入红枣泥，搅拌匀。
5. 续煮片刻至沸腾，关火，装入碗中即成。

西红柿稀粥

材料：

水发米碎 100 克，西红柿 90 克

做法：

1. 西红柿去皮去籽切小块，倒入榨汁机，注入少许温开水，选择“榨汁”功能，榨取汁水。
2. 砂锅中注入适量清水烧开，倒入备好的米碎，烧开后用小火煮约 20 分钟至熟。
3. 揭盖，倒入西红柿汁，搅拌均匀，再用小火煮约 5 分钟，揭开盖，装入碗中即可。

南瓜麦片粥

材料：

南瓜肉 150 克，燕麦片 80 克

调料：

白糖 8 克

做法：

1. 砂锅中注水烧开，倒入南瓜片煮至熟软，压成泥状。
2. 再倒入燕麦片，搅匀，中火煮约 3 分钟，至食材熟透。
3. 用中火煮约 3 分钟，至食材熟透。
4. 加入适量白糖，搅拌匀，煮至糖分溶化即可。

土豆稀粥

材料：

米碎 90 克，土豆 70 克

做法：

1. 土豆切小块，放在蒸盘中，放到蒸锅内用中火蒸 20 分钟至土豆熟软，放凉压碎，碾成泥状。
2. 砂锅中注入适量清水烧开，倒入备好的米碎，搅拌均匀，烧开后用小火煮 20 分钟至米碎熟透。
3. 揭盖，倒入土豆泥，搅拌均匀，继续煮 5 分钟，关火后盛出煮好的稀粥即成。

苹果稀粥

材料：

水发米碎 65 克，苹果 80 克

做法：

1. 苹果去皮切丁，榨取果汁。
2. 锅中注入适量清水，烧开，倒入备好的米碎，烧开后用小火煮 30 分钟至熟。
3. 揭开盖，倒入苹果汁，拌匀，大火煮 2 分钟至沸，关火后盛出煮好的稀粥即可。

菠菜牛奶稀粥

材料：

水发大米 90 克，菠菜 50 克，配方奶 120 毫升

做法：

1. 菠菜切成小段，放入榨汁机，选择搅拌刀座组合，注入少许温开水，选择“榨汁”功能，榨取汁水。
2. 砂锅中注入适量清水烧开，倒入配方奶，加入米碎，拌匀，烧开后用小火煮约 20 分钟至熟。
3. 揭盖，倒入菠菜汁，拌匀，用小火煮约 5 分钟至熟透，略微搅拌几下即可。

雪梨稀粥

材料：

水发米碎 100 克，雪梨 65 克

做法：

1. 雪梨切开小块，倒入榨汁机，注入少许清水，选择“榨汁”功能，榨取汁水，过滤。
2. 砂锅中注入适量清水烧开，倒入备好的米碎，搅拌均匀，烧开后用小火煮约 20 分钟至熟。
3. 揭开盖，倒入雪梨汁拌匀，用大火煮 2 分钟即可。

牛奶蛋黄粥

材料：

水发大米 130 克，牛奶 70 毫升，熟蛋黄 30 克

调料：

盐适量

做法：

1. 将熟蛋黄切碎，备用。
2. 砂锅中注水烧开，倒入大米，煮至熟软。
3. 揭盖，倒入熟蛋黄、牛奶，加少许盐，搅匀略煮即可。

豌豆鸡肉稀饭

材料：

豌豆 25 克，鸡胸肉 50 克，菠菜 60 克，胡萝卜 45 克，软饭 180 克

调料：

盐 2 克

做法：

❶ 汤锅中注入适量清水烧开，放入鸡胸肉、豌豆，盖上盖，用小火煮 5 分钟。

❷ 揭开锅盖，放入洗净的菠菜，烫煮至熟软，捞出装入盘中。

❸ 再把菠菜切碎，剁成末；将豌豆剁碎，然后放入木臼中，用力将其捣碎。

❹ 把煮好的鸡胸肉也剁成末。

❺ 再将胡萝卜切片，切成丝，改切成粒。

❻ 汤锅中注入适量清水，用大火烧开，倒入软饭，用锅勺将其搅散。

❼ 盖上盖，烧开后转小火煮 15 分钟至其软烂，揭盖，倒入胡萝卜。

❽ 再盖上盖，用小火煮 5 分钟至胡萝卜熟透。

❾ 揭盖，搅拌一会，倒入鸡胸肉，再倒入豌豆末、菠菜。

❿ 拌煮约 1 分钟，调入少许盐，拌匀，略煮一会至锅中食材入味即可。

嫩豆腐稀饭

材料：

豆腐 90 克

菠菜 60 克

秀珍菇 30 克

软饭 170 克

调料：

盐 2 克

做法：

1. 锅中注入适量清水，用大火烧开，放入豆腐，焯煮片刻，捞出装碗中备用。
2. 把洗净的秀珍菇、菠菜放入沸水锅中，烫煮至断生。
3. 捞出菠菜和秀珍菇，沥干水分，装入盘中备用。
4. 菠菜切碎，剁成末。
5. 秀珍菇切碎，剁成末。
6. 用刀背将豆腐压碎，再剁成末，备用。
7. 汤锅中注入适量清水烧开，倒入软饭煮软烂。
8. 揭开锅盖，倒入菠菜，搅拌一会，调成小火。
9. 放入豆腐，拌煮 30 秒钟，加入适量盐，快速拌匀调味。
10. 关火，把煮好的稀饭盛出，装入碗中即可。

喂养小贴士

大米配上豆腐做成稀饭，很适合宝宝的营养需求，还能刺激胃液的分泌，帮助消化。

鸡肉口蘑稀饭

材料：

鸡胸肉 90 克

口蘑 30 克

上海青 35 克

奶油 15 克

米饭 160 克

鸡汤 200 毫升

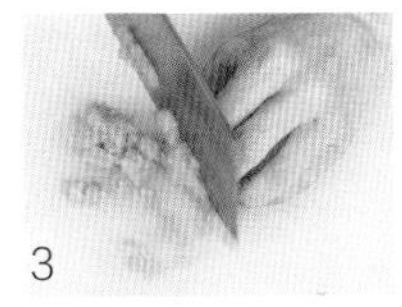

做法：

1. 洗净的口蘑切片，再切条形，改切成小丁块。
2. 洗好的上海青切去根部，再切丝，改切成丁。
3. 洗净的鸡胸肉切片，再切丝，改切成丁，备用。
4. 砂锅置于火上，倒入奶油，翻炒至溶化。
5. 倒入切好的鸡胸肉，炒匀、炒香。
6. 放入切好的口蘑，炒匀，加入鸡汤，搅拌匀。
7. 倒入米饭，炒匀、炒散。
8. 盖上盖，烧开后用小火煮约 20 分钟。
9. 揭开盖，放入上海青。
10. 拌匀，煮约 3 分钟至食材熟透即可。

喂养小贴士

蘑菇中的维生素 D 含量很丰富，有益于骨骼健康。

水蒸鸡蛋糕

材料：

鸡蛋2个，玉米粉85克，泡打粉5克

调料：

白糖5克，生粉、食用油各适量

做法：

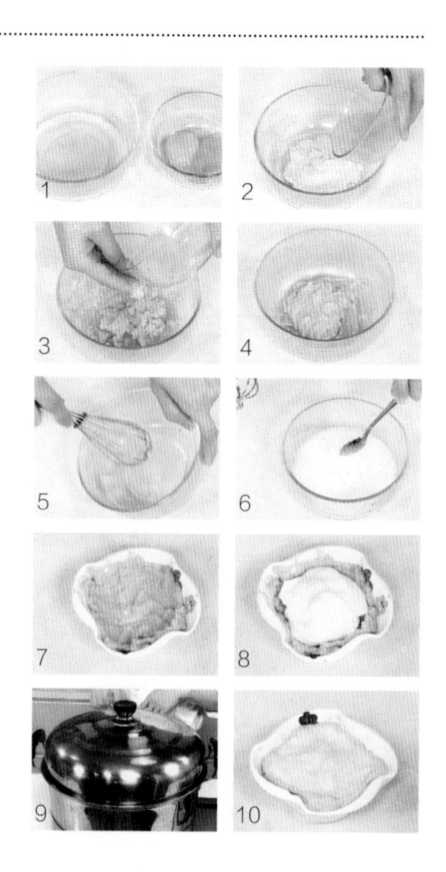

1. 将鸡蛋打裂，蛋清、蛋黄分开待用。
2. 再取一个碗，放入玉米粉，再倒入蛋黄。
3. 加入少许白糖、泡打粉、少许清水，拌至起劲。
4. 再静置发酵15分钟，即成玉米面糊。
5. 取蛋清，用打蛋器快速搅拌匀。
6. 加入适量生粉，搅匀，打散，至起白色泡沫。
7. 另取一小碗，抹上少许食用油，放入玉米面糊，在中间处挤压出一个小窝。
8. 将蛋清倒入窝中，静置片刻，制成鸡蛋糕生坯。
9. 蒸锅上火烧开，放入鸡蛋糕生胚，用中火蒸约15分钟至鸡蛋糕熟透。
10. 关火后揭开盖，取出蒸好的鸡蛋糕即成。

喂养小贴士

鸡蛋含核黄素、钙、磷、铁等成分，还含有卵磷脂，对幼儿的大脑发育很有帮助。

鲜橙蒸水蛋

材料：

橙子 180 克，蛋液 90 克

调料：

白糖 2 克

做法：

❶ 洗净的橙子切去头尾，在其三分之一处切开，挖出果肉，制成橙盅和盅盖。
❷ 再将橙子果肉切块，改切碎末。
❸ 取一碗，倒入蛋液，放入切好的橙子肉，加入白糖、适量清水，拌匀待用。
❹ 取橙盅，倒入拌好的蛋液，至七八分满。
❺ 盖上盅盖，待用。
❻ 打开电蒸笼，向水箱内注入适量清水至最低水位线，放上蒸隔，码好蒸盘，放入橙盅。
❼ 盖上盖子，按“开关”键通电，选择“鸡蛋”，再按“蒸盘”键。
❽ 时间设为 18 分钟，再按“开始”键蒸至食材熟透。
❾ 断电后取出蒸好的水蛋。
❿ 待凉后即可食用。

乳酪香蕉羹

材料：

奶酪 20 克

熟鸡蛋 1 个

香蕉 1 根

胡萝卜 45 克

牛奶 180 毫升

做法：

1. 将洗净的胡萝卜切片，再切成条，改切成粒。
2. 将香蕉去皮，用刀把果肉压烂，剁成泥状。
3. 熟鸡蛋去壳，取出蛋黄，用刀把蛋黄压碎。
4. 汤锅中注入适量清水，大火烧热，倒入切好的胡萝卜。
5. 盖上盖，烧开后用小火煮 5 分钟至其熟透。
6. 揭盖，把煮熟的胡萝卜捞出，备用。
7. 用刀把胡萝卜切碎，剁成末。
8. 汤锅中注入适量清水，大火烧热。
9. 倒入香蕉泥，搅拌均匀。
10. 再倒入胡萝卜，拌匀煮沸，倒入鸡蛋黄，拌匀即可。

喂养小贴士

鸡蛋可提高人体血浆蛋白量，增强机体的代谢功能和免疫功能，改善记忆力。

橙子南瓜羹

材料：

南瓜 200 克

橙子 120 克

调料：

冰糖适量

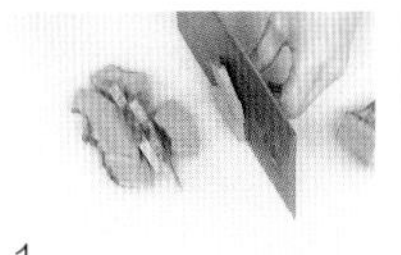
1

2

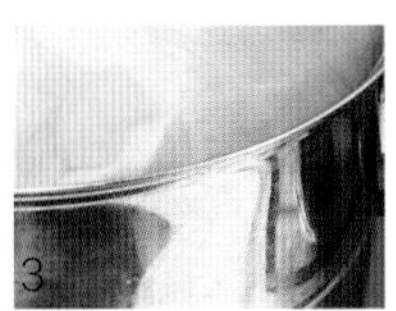
3

4

5

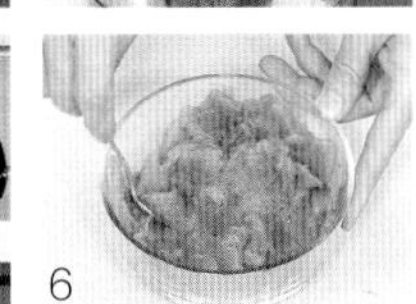
6

7

8

9

10

做法：

1. 洗净去皮的南瓜切成片，备用。
2. 洗好的橙子切去头尾，切取果肉，再剁碎。
3. 蒸锅上火烧开，放入南瓜片。
4. 盖上盖，烧开后用中火蒸约 20 分钟至南瓜软烂。
5. 揭开锅盖，取出南瓜片，放凉备用。
6. 将放凉的南瓜放入碗中，捣成泥状，待用。
7. 锅中注入适量清水烧开，倒入适量冰糖，搅拌匀，煮至溶化。
8. 倒入南瓜泥，快速搅散，倒入橙子肉，搅拌匀。
9. 用大火煮 1 分钟，撇去浮沫。
10. 关火后盛出煮好的食材，装入碗中即可。

喂养小贴士

南瓜可以健脾、护肝、防治夜盲症，能使皮肤变得细嫩。

奶油豆腐

材料：

奶油30克，豆腐200克，胡萝卜、葱花各少许

调料：

盐少许，食用油适量

喂养小贴士

豆腐的蛋白质含量高、易于消化，是幼儿的首选健康辅食。

❶ 洗净的胡萝卜切丝，再切成粒。

❷ 洗好的豆腐切成小块。

❸ 清水烧开，倒入豆腐、胡萝卜粒，焯煮片刻。

❹ 捞出焯煮好的豆腐和胡萝卜粒，沥干备用。

❺ 另起锅，注油烧热，倒入豆腐和胡萝卜粒。

❻ 再加入备好的奶油。

❼ 将豆腐和奶油快速拌炒匀。

❽ 调入少许盐。

❾ 炒匀，用锅铲稍稍按压豆腐，使其散碎。

❿ 把炒好的食材盛出，装入碗中，撒上葱花即可。

麦芽山楂鸡蛋羹

材料：

麦芽 25 克，山楂 55 克，淮山 30 克，鸡蛋 2 个

喂养小贴士

麦芽含有蛋白质、淀粉酶、蛋白分解酶、卵磷脂、麦芽糖、葡萄糖等成分，具有温中、下气、开胃、除烦、消痰等功效。

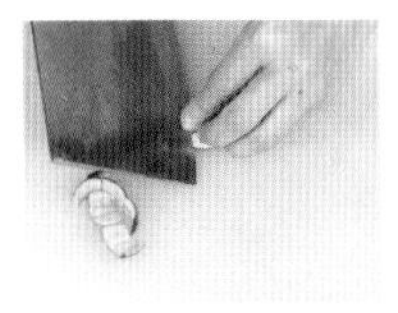

❶ 洗净的山楂切去头尾，再切开，去核。

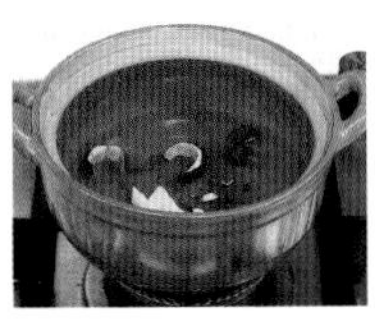

❷ 清水烧热，倒入备好的麦芽、山楂、淮山。

❸ 盖上盖，烧开后用小火煮约 20 分钟。

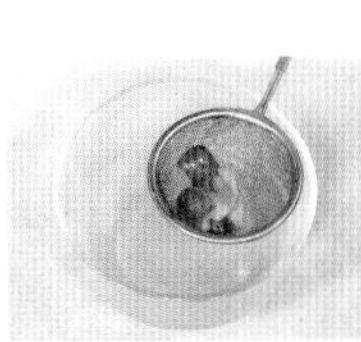

❹ 关火后揭开盖，盛出药汁，滤入碗中，待用。

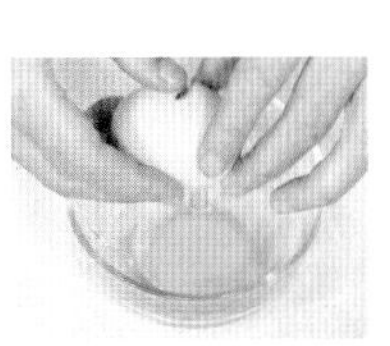

❺ 将鸡蛋打入碗中，打散调匀。

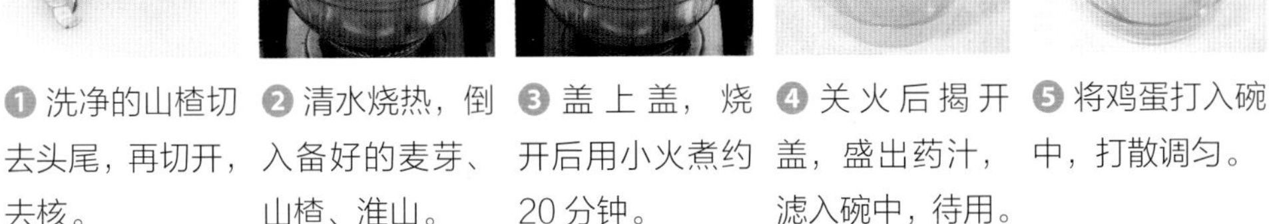

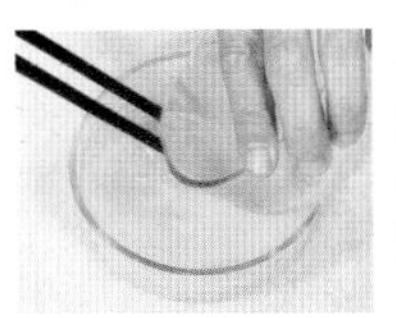

❻ 倒入药汁，搅拌均匀。

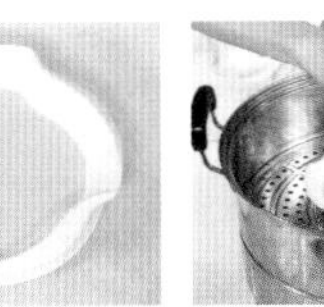

❼ 取一蒸碗，倒入拌好的鸡蛋液，备用。

❽ 蒸锅上火烧开，放入蒸碗。

❾ 盖上盖，用中火蒸约 10 分钟至食材熟透。

❿ 揭开盖，取出蒸碗，待稍微放凉后即可食用。

10 ~ 12 个月宝宝营养辅食推荐：固体类

什锦炒软饭

材料：

西红柿 60 克

鲜香菇 25 克

肉末 45 克

软饭 200 克

葱花少许

调料：

盐少许

食用油适量

做法：

1. 西红柿切丁，香菇切丁。
2. 用油起锅，倒入肉末，翻炒至转色。
3. 放入西红柿、香菇，翻炒均匀。
4. 倒入备好的软饭，炒散、炒透，撒上葱花，炒出葱香味。
5. 再加盐，炒匀调味即成。

虾仁豆腐泥

材料：

虾仁 45 克

豆腐 180 克

胡萝卜 50 克

高汤 200 毫升

调料：

盐 2 克

做法：

1. 胡萝卜切粒，豆腐压碎。
2. 用牙签挑去虾仁的虾线，虾仁剁成末。
3. 锅中倒入适量高汤，放入切好的胡萝卜粒。
4. 烧开后用小火煮 5 分钟至胡萝卜熟透。
5. 揭盖，放入适量盐，下入豆腐，搅匀煮沸。
6. 倒入准备好的虾肉末，搅拌均匀，煮片刻即可。

水豆腐菜叶汤

喂养小贴士

银鱼干品以鱼身干爽、色泽自然明亮者为佳品。

材料：

银鱼干 15 克，生菜 55 克，水豆腐 100 克

调料：

东北大酱 10 克

做法：

1. 洗净的生菜切成段。
2. 豆腐用手掰成小块放入马克杯中。
3. 洗净的生菜切成段。
4. 注入适量开水，将东北大酱溶化。
5. 充分拌匀入味，即可食用。

蛋黄米糊

喂养小贴士

鸭蛋蛋黄含有丰富的钙、钾、铁等，对骨骼发育有益，并能预防贫血。

材料：

咸蛋黄 1 个，大米 65 克

调料：

盐少许

做法：

1. 取榨汁机，将大米磨成米碎。
2. 把磨好的米碎盛入碗中，加入适量清水，调匀制成米浆备用。
3. 奶锅中倒入适量清水，倒入米浆，搅拌一会。
4. 调成小火，持续搅拌 2 分 30 秒，煮成米糊，加入盐，略搅拌。
5. 再放入压碎的蛋黄末，拌煮片刻即可。

苹果柳橙稀粥

喂养小贴士

苹果具有缓解疲劳、益智健脑等功效。

材料：

水发米碎 80 克，苹果 90 克，橙汁 100 毫升

做法：

1. 苹果洗净去皮小块，用榨汁机打碎呈泥状。
2. 砂锅中注入适量清水烧开，倒入米碎。
3. 盖上盖，烧开后用小火煮约 20 分钟。
4. 揭开盖，倒入橙汁，放入苹果泥，拌匀。
5. 用大火煮约 2 分钟，至沸即可。

水果豆腐沙拉

喂养小贴士

幼儿食用猕猴桃能调中理气、生津润燥、解热除烦。

材料：

橙子 40 克，日本豆腐 70 克，猕猴桃 30 克，圣女果 25 克，酸奶 30 毫升

做法：

1. 日本豆腐切块，放入沸水中煮熟，捞出，摆入盘中备用。
2. 橙子去皮切片，猕猴桃去皮切片，圣女果切片。
3. 把切好的水果摆在日本豆腐上。
4. 挤上酸奶即可。

红薯米糊

喂养小贴士

红薯具有益气补血、宽肠通便、生津止渴等功效。

材料：

去皮红薯100克，燕麦80克，水发大米100克，姜片少许

做法：

1. 洗净的红薯切成块。
2. 取豆浆机，倒入燕麦、红薯、姜片、大米。
3. 注入适量清水，至水位线即可。
4. 盖上豆浆机机头，选择“快速豆浆”选项，待豆浆机运转约20分钟，即成米糊。
5. 将煮好的红薯米糊倒入碗中即可食用。

泥鳅粥

喂养小贴士

大米含有碳水化合物、蛋白质、维生素及多种矿物质。

材料：

水发大米160克，泥鳅120克，姜丝、葱花各少许

调料：

盐2克

做法：

1. 把泥鳅装入碗中，加入少许盐，注入清水洗净，去除黏液，沥干备用。
2. 泥鳅去除头尾，在清水里洗净，备用。
3. 锅中注入适量清水，倒入大米、姜丝。
4. 倒入洗净的泥鳅，拌匀，盖上盖，煮开后用小火煮30分钟至食材熟透。
5. 揭开锅盖，加入少许盐，搅拌至食材入味，撒上葱花即可。

西红柿豆腐汤

材料：

西红柿 200 克，豆腐 150 克，葱花少许

调料：

盐 4 克，鸡粉 2 克，番茄酱 10 克，食用油适量

做法：

1. 西红柿切小块；豆腐切小块，放入沸水中焯煮 1 分钟。
2. 锅中注水烧开，加盐、鸡粉、食用油，倒入西红柿煮沸，加入番茄酱，拌匀。
3. 倒入豆腐，煮约 2 分钟至熟透，撒上葱花即成。

雪梨菠菜稀粥

材料：

雪梨 120 克，菠菜 80 克，水发米碎 90 克

做法：

1. 雪梨切块，菠菜切段，分别榨取汁水。
2. 砂锅中注入少许清水烧开，倒入备好的米碎，烧开后用小火煮约 10 分钟，倒入菠菜汁。
3. 再盖上盖，用中火续煮约 10 分钟至食材熟透。倒入雪梨汁，用大火煮沸即可。

胡萝卜汁米糊

材料：

胡萝卜 135 克，米碎 60 克

调料：

盐少许

做法：

1. 胡萝卜去皮切末，焯熟后倒入榨汁机，加入清水榨汁。
2. 汤锅置于火上，倒入胡萝卜汁。用小火煮约 2 分钟，倒入米碎，搅拌匀，使其浸入汁水中。
3. 调入盐，搅拌几下，小火煮至食材呈米糊状即成。

板栗糊

材料：

板栗肉 150 克

调料：

白糖 10 克

做法：

1. 板栗肉改切成小块，加适量清水，榨出板栗汁。
2. 把板栗汁倒入砂锅中，用中火煮约 3 分钟，撒上白糖，搅拌均匀，煮至白糖完全溶化，关火盛出即可。

鲜奶玉米汁

材料：

鲜奶 60 毫升，玉米粒 80 克

做法：

1. 备好榨汁机，倒入玉米粒、鲜奶，加入少许清水，开始榨汁。
2. 热锅中倒入过滤好的玉米汁，大火煮开即可。

橘子稀粥

材料：

水发米碎 90 克，橘子果肉 60 克

做法：

1. 取榨汁机，选择搅拌刀座组合，放入橘子肉，注入适量温开水，榨取果汁。
2. 砂锅中注入适量清水烧开，倒入米碎，搅拌均匀，烧开后用小火煮约 20 分钟至其熟透。
3. 揭盖，倒入橘子汁，搅拌匀，关火后盛出煮好的橘子稀粥即可。

百合牛肉汤面

材料：

面条 180 克，鲜百合 25 克，香菜叶、姜片各少许，清炖牛肉汤 400 毫升

调料：

盐、鸡粉各 2 克，生抽 4 毫升

做法：

1. 面条煮熟。另起锅倒入牛肉汤，撒姜片煮沸，下百合。
2. 加入少许盐、鸡粉、生抽，拌匀调味，煮至百合熟透。
3. 取一小碗放入面条，淋上汤汁，点缀上香菜叶即可。

蔬菜蛋黄羹

材料：

卷心菜 100 克，胡萝卜 85 克，鸡蛋 2 个，香菇 40 克

做法：

1. 香菇洗净切成粒，胡萝卜切粒，卷心菜切细。
2. 锅中注入适量清水烧开，加入胡萝卜，煮 2 分钟，放入香菇、卷心菜，拌匀，煮至熟软，捞出沥干。
3. 鸡蛋打开，取出蛋黄，装入碗中，注入少许温开水，放入焯过水的材料，拌匀。
4. 将材料放入蒸锅，用中火蒸 15 分钟至熟即可。

玉米红薯粥

材料：

玉米碎 120 克，红薯 80 克

做法：

1. 红薯切成粒，备用。
2. 砂锅中注入适量清水烧开，倒入玉米碎、切好的红薯，搅拌匀。
3. 盖上盖，用小火煮 20 分钟，至食材熟透即可。

西红柿丸子豆腐汤

材料：

西红柿 80 克，豆腐 85 克，肉丸 60 克，葱花、姜片各少许

调料：

盐、鸡粉、胡椒粉各适量

做法：

1. 豆腐洗净切小方块，西红柿洗净切块。
2. 用油起锅，加适量清水烧开，倒入肉丸，再加入豆腐。
3. 加入盐、鸡粉、胡椒粉、姜片，煮约 3 分钟后，倒入西红柿，中火再煮 1 分钟至熟透，撒入葱花即成。

肉末茄泥

材料：

肉末 90 克，茄子 120 克，上海青少许

调料：

盐少许，生抽、食用油各适量

做法：

1. 把茄子去皮切条蒸熟，晾凉压烂，剁成泥。
2. 用油起锅，倒入肉末，翻炒至转色，放入生抽炒匀。
3. 放入切好的上海青粒，炒匀，把茄子泥倒入锅中，加入少许盐，翻炒均匀，盛出装盘即可。

小米鸡蛋粥

材料：

小米 300 克，鸡蛋 40 克

调料：

盐、食用油各适量

做法：

1. 砂锅中倒入适量清水煮沸，加入小米煮至熟软。
2. 放入适量盐、食用油，搅拌均匀。
3. 打入鸡蛋，小火煮熟鸡蛋即可。

香菇大米粥

材料：

水发大米 120 克，鲜香菇 30 克

调料：

盐、食用油各适量

做法：

1. 砂锅中注清水烧开，倒入大米，煮至熟软。
2. 揭开锅盖，倒入香菇粒，加入少许盐、食用油，搅匀。
3. 关火后盛出煮好的粥，装入碗中，待稍微放凉即可食用。

香菇鸡蛋粥

材料：

水发大米 130 克，香菇 25 克，蛋黄 30 克

做法：

1. 砂锅中注清水烧开，倒入洗净的大米，盖上盖，烧开后转小火煮约 40 分钟。
2. 揭盖，倒入切好的香菇碎，拌匀，煮出香味。
3. 再倒入备好的蛋黄，边倒边搅拌，续煮一会儿，至食材熟透即可。

白菜清汤

材料：

白菜 120 克

调料：

盐 2 克，芝麻油 3 毫升

做法：

1. 锅中注入适量清水烧开，倒入切丁的白菜，搅拌均匀。
2. 加盖用小火炖煮 10 分钟，揭盖，加入盐、芝麻油。
3. 拌匀调味，至汤汁入味即可。

玉米燕麦粥

材料：

玉米粉 100 克，燕麦片 80 克

做法：

1. 取一碗，倒入玉米粉，注入适量清水，制成玉米糊。
2. 砂锅中注入适量清水烧开，倒入燕麦片，大火煮 3 分钟至熟。
3. 揭盖，加入玉米糊，拌匀，稍煮片刻至食材熟软即可。

玉米胡萝卜粥

材料：

玉米粒 250 克，胡萝卜 240 克，水发大米 250 克

做法：

1. 砂锅注入适量的清水，大火烧开，倒入备好的大米、胡萝卜、玉米，搅拌片刻。
2. 盖上锅盖，煮开后转小火煮 30 分钟至熟软，持续搅拌片刻即可。

清蒸豆腐丸子

材料：

豆腐 180 克，鸡蛋 1 个，面粉 30 克，葱花少许

调料：

盐 2 克，食用油少许

做法：

1. 将豆腐、鸡蛋黄放入碗中，用打蛋器搅匀。
2. 再调入少许盐、葱花，搅匀，倒入面粉，拌匀至起劲。
3. 将面糊制成丸子摆放在盘中，放入蒸锅中蒸熟即可。

菠菜豆腐汤

材料：

菠菜 120 克，豆腐 200 克，水发海带 150 克

调料：

盐 2 克

做法：

❶ 海带切小块，洗好的菠菜切段，豆腐切小方块。

❷ 锅中注入适量清水烧开，倒入切好的海带、豆腐，拌匀，用大火煮 2 分钟。

❸ 倒入菠菜，拌匀，略煮片刻，加入盐，拌匀即可。

苹果玉米粥

材料：

玉米碎 80 克，熟蛋黄 1 个，苹果 50 克

做法：

❶ 苹果剁碎， 蛋黄切成细末。

❷ 砂锅中注清水烧开，倒入玉米碎，盖上盖，烧开后用小火煮约 15 分钟至其呈糊状。

❸ 揭开锅盖，倒入苹果碎，撒上蛋黄末，搅拌均匀即可。

山药玉米粥

材料：

山药 90 克，水发大米 100 克，枸杞 10 克，鲜玉米粒 120 克，白果 70 克

调料：

盐 2 克

做法：

❶ 锅中注清水烧开，倒入大米、山药丁、玉米粒、白果，搅拌均匀，加盖煮至大米熟软。

❷ 揭盖，放入枸杞，再煮 5 分钟，放盐搅拌均匀即可。

豆腐酪

材料：

豆腐 100 克，芒果 100 克，奶酪 30 克

做法：

❶ 芒果切丁，奶酪压扁制成泥，豆腐切成小方块。

❷ 将豆腐块放入沸水中焯煮约 2 分钟，捞出沥干。

❸ 取榨汁机，倒入所有材料，选择“搅拌”功能，搅拌至食材成糊状，断电后盛出装碗即成。

玉米小米豆浆

材料：

玉米碎 8 克，小米 10 克，水发黄豆 40 克

做法：

❶ 黄豆提前 8 小时浸泡，所有食材洗净沥干。

❷ 洗净的食材倒入豆浆机中，注入适量清水，开始打浆。

❸ 把煮好的豆浆倒入滤网，滤取豆浆即可。

菠菜豆腐汤

材料：

菠菜 120 克，豆腐 200 克，水发海带 150 克

调料：

盐 2 克

做法：

❶ 海带切成小块，菠菜切段，豆腐切成小方块。

❷ 锅中注入清水烧开，倒入海带、豆腐，加盖煮 2 分钟。

❸ 倒入菠菜，拌匀，煮至断生，加入盐，拌匀即可。

鲜鱼豆腐稀饭

材料：

草鱼肉 80 克，胡萝卜 50 克，豆腐 100 克，洋葱 25 克，杏鲍菇 40 克，稀饭 120 克，海带汤 250 毫升

做法：

1. 蒸锅上火烧开，放入草鱼肉，用中火蒸约 10 分钟至熟。
2. 揭开盖，取出鱼肉，放凉待用。
3. 洗净的胡萝卜切片，再切细丝，改切成粒。
4. 洗好的洋葱切成条形，改切成碎末。
5. 洗净的杏鲍菇切片，再切条形，改切粒，备用。
6. 洗好的豆腐切块，再切条形，改切成小方块。
7. 将放凉的草鱼肉去除鱼皮、鱼骨，把鱼肉剁碎，备用。
8. 砂锅中注入适量清水烧热，倒入海带汤，用大火煮沸。
9. 放入备好的草鱼、杏鲍菇、胡萝卜、豆腐、洋葱、稀饭，拌匀、搅散。
10. 盖上盖，烧开后用小火煮约 20 分钟，揭开盖，搅拌均匀即可。

蛋黄银丝面

材料：

小白菜100克，面条75克，熟鸡蛋1个

调料：

盐2克，食用油少许

做法：

1. 适量清水烧开，放入小白菜，煮约半分钟，至八分熟时捞出，沥干水分，放凉备用。
2. 把面条切成段。
3. 再把放凉后的小白菜切成粒。
4. 熟鸡蛋剥取蛋黄，压扁后切成细末。
5. 汤锅中注入适量清水烧开，下入面条，搅拌匀。
6. 大火煮沸后放入少许盐，再注入适量食用油。
7. 盖上盖子，用小火煮约5分钟至面条熟软。
8. 取下盖子，倒入小白菜，搅拌浸入面汤中。
9. 再续煮片刻至全部食材熟透。
10. 关火后盛出面条和小白菜，放在碗中，最后撒上蛋黄末即成。

鲜香菇豆腐脑

材料：

内酯豆腐1盒，木耳、鲜香菇各少许

调料：

盐2克，生抽2毫升，老抽2毫升，水淀粉3毫升

做法：

1. 洗净的香菇切片，切成粒。
2. 选好的木耳切丝，切成粒。
3. 把豆腐放入烧开的蒸锅中。
4. 盖上盖，用中火蒸5分钟至熟。
5. 揭盖，把蒸好的豆腐取出。
6. 用油起锅，倒入香菇、木耳，炒匀。
7. 注入适量清水，加入适量盐、生抽，拌匀煮沸。
8. 倒入少许老抽，拌匀上色。
9. 倒入适量水淀粉勾芡。
10. 把炒好的材料盛放在豆腐上即可。

喂养小贴士

内酯豆腐是以葡萄糖酸内酯为凝固剂生产的豆腐，可减少蛋白质流失，提高保水率。

三色面汤

材料：

紫甘蓝汁 100 毫升，胡萝卜汁 100 毫升，菠菜汁 100 毫升，面粉 255 克，葱花少许

调料：

盐 3 克，芝麻油 5 毫升，鸡粉 2 克

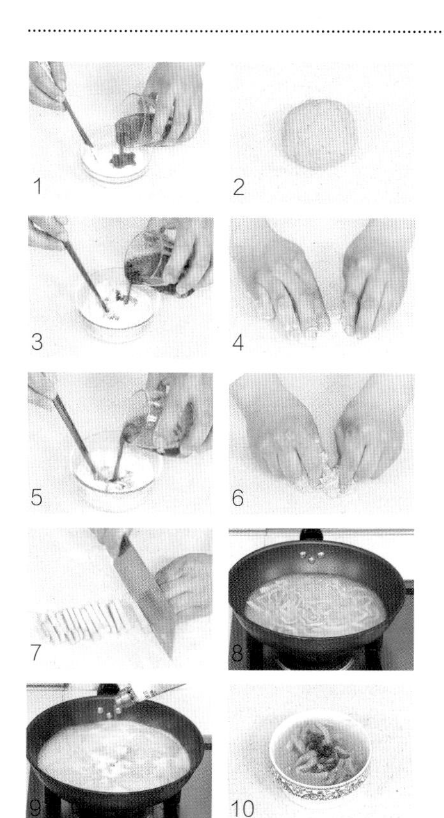

做法：

1. 往碗中倒入 70 克面粉，注入胡萝卜汁。
2. 将面粉与胡萝卜汁拌匀，倒在台面上，揉成胡萝卜面团，饧 10 分钟。
3. 往备好的碗中倒入 70 克面粉，注入紫甘蓝汁。
4. 将面粉与紫甘蓝汁拌匀，倒在台面上，揉成紫甘蓝面团，饧 10 分钟。
5. 往备好的碗中倒入 70 克面粉，注入菠菜汁。
6. 拌匀倒在台面上，揉成菠菜面团，饧 10 分钟。
7. 将胡萝卜、紫甘蓝、菠菜面团擀成厚度均匀的面皮，折叠好，用刀切成细长面条。
8. 锅中注入适量清水烧开，倒入面条，划散。
9. 待面条稍微上浮，加入盐、鸡粉，淋上芝麻油。
10. 稍煮片刻，捞出面条放入碗中，舀上适量的汤水，撒上葱花即可。

紫菜豆腐羹

材料：

豆腐260克，西红柿65克，鸡蛋1个，水发紫菜200克，葱花少许

调料：

盐2克，鸡粉2克，芝麻油、水淀粉、食用油各适量

喂养小贴士

豆腐可先用淡盐水浸泡一会儿，能去除豆腥味。

❶ 洗净的西红柿对半切开，切片，再切小丁块。

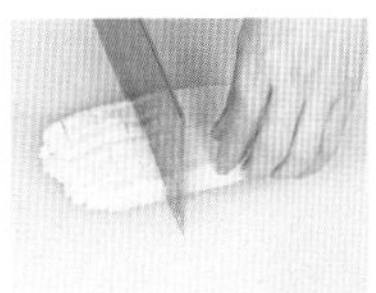

❷ 洗好的豆腐切条形，改切成小方块。

❸ 鸡蛋打入碗中，打散调匀，制成蛋液，备用。

❹ 锅中注水烧开，倒入油、西红柿，略煮片刻。

❺ 倒入豆腐块，拌匀。

❻ 加入少许鸡粉、盐，放入洗净的紫菜，拌匀。

❼ 用大火煮至食材熟透，倒入水淀粉勾芡。

❽ 倒入蛋液，边倒边搅拌，至蛋花成形。

❾ 淋入少许芝麻油，搅拌匀，至食材入味。

❿ 关火后盛出，装入碗中，撒上葱花即可。

菠菜鸡蛋面

材料：

面条 80 克，菠菜 65 克，奶粉 35 克，熟鸡蛋 30 克

喂养小贴士

菠菜焯水时不宜煮太久，以免影响口感。

❶ 面条切成小段，待用。

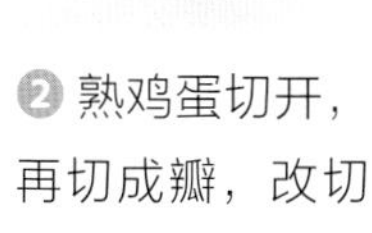

❷ 熟鸡蛋切开，再切成瓣，改切成小块，待用。

❸ 锅中注入适量清水烧开，倒入菠菜，拌匀。

❹ 略煮片刻至其变软。

❺ 将煮好的菠菜捞出，沥干水分，放凉待用。

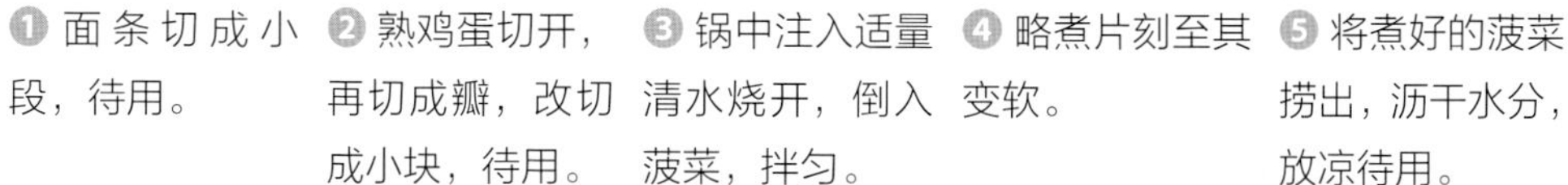

❻ 把放凉的菠菜切成小段，备用。

❼ 锅中注入适量清水烧开，倒入奶粉，略煮片刻。

❽ 放入面条，搅散，煮至熟软。

❾ 倒入菠菜，搅拌均匀，煮至沸。

❿ 再倒入鸡蛋块，搅拌匀即可。

鸡蓉拌豆腐

材料：

豆腐200克，熟鸡胸肉25克，香葱少许

调料：

白糖2克，芝麻油5毫升

做法：

1. 洗净的香葱切小段。
2. 洗好的豆腐切开，再切粗条，改切成小丁。
3. 将熟鸡胸肉切片，再切条，改切成碎末，备用。
4. 沸水锅中倒入切好的豆腐。
5. 略煮一会儿，去除豆腥味。
6. 捞出焯煮好的豆腐，沥干水，装盘备用。
7. 取一个碗，倒入备好的豆腐、鸡蓉、葱花。
8. 加入白糖、芝麻油。
9. 稍微搅拌匀。
10. 将拌好的菜肴装入盘中即可。

喂养小贴士

新鲜的鸡胸肉肉质紧密，有轻微弹性，呈干净的粉红色，且具有光泽。

鲜虾丸子清汤

材料：

虾肉 50 克，蛋清 20 克，包菜 30 克，菠菜 30 克

调料：

盐适量

做法：

1. 洗净的菠菜切碎。
2. 洗净的包菜切成丝，再切碎。
3. 洗净的虾肉去虾线，切碎，再剁成泥状。
4. 虾泥装入碗中，倒入蛋清，搅拌匀。
5. 锅中注入适量清水，大火烧开，倒入包菜碎、菠菜碎，搅拌片刻，捞出沥干。
6. 另起锅，注入适量清水，大火烧开。
7. 用勺子将虾泥制成丸子，逐一放入热水中。
8. 倒入汆过水的食材，搅拌片刻。
9. 再次煮开后，撇去汤面的浮沫。
10. 将汤盛出装入碗中即可。

喂养小贴士

鲜虾营养丰富，蛋白质含量高，可以增强人体的免疫力。

Chapter 2　1~3 岁：让“淘娃娃”安静的营养菜单

这个年龄段的宝宝对新世界总有一种探险的精神，为了寻找更多的“宝藏”，宝宝一刻也停不下来。唯有妈妈用爱做的饭菜，让宝宝在探险过后，安静享受美食，补充能量，长高高。

1~3 岁饮食要点与进餐教养

这个阶段的宝宝，饮食习惯逐步趋向大人，但是也要有属于自己的专属要点。从宝宝独立进餐开始，就要培养其良好的用餐习惯，这将让宝宝受益终生。

1～3岁宝宝的饮食要点

1~3 岁的宝宝营养需求除了从母乳处获得之外，更多的要从每天的膳食中获得。

在自身条件允许的情况下，可以持续母乳供给到宝宝 2 岁，让宝宝自然离乳。如果不能母乳喂养，也应给宝宝选择幼儿配方奶。

宝宝的主食也应该由乳类逐步转化到谷类，如米饭、馒头、粥、面条等等。配合着主食一同食用的还有蔬菜、禽畜肉类、鱼蛋等。

除了以上乳类、主食类、肉类等，每天还需给宝宝食用适量的水果、豆制品等。如果有必要，还可遵循医嘱，给宝宝添加补充剂。

1～3岁宝宝进餐教养培养

1~3 岁是宝宝脱离母乳、自己进餐的第一阶段。建议家里备一套吃饭餐椅，让宝宝有独立进餐的意识。切不可让家长追着小孩喂或者趁宝宝哭闹时猛塞一口饭进去，这样可能导致宝宝消化不良、注意力不集中、厌食，甚至造成意外等情况发生。

宝宝独立进食初期，可能会直接用手抓，家长不应对此表示斥责，这是宝宝对食物感兴趣的体现，家长需在旁边看护，同时也要对一些不好的行为进行指导纠正。

待宝宝已经完全能够自己独立用餐的时候，家长还可以培养其独立自主意识，如在餐桌上留一处给宝宝，让他自己进食。如果宝宝边玩边吃，家长可将餐具收走，并告诉宝宝，这样的行为就代表已经“吃饱了”。

良好的用餐意识的培养，会提高宝宝对食物的兴趣，促进宝宝身体健康的发展。

手协调反应能力发展较快，可能会对餐具产生浓厚的兴趣，家长可在一旁看护的时候，给宝宝尝试一下独立使用餐具，如汤勺、筷子等，但是一定要注意安全，不要让宝宝误伤了自己。

营养主食

金针菇面

喂养小贴士

优质的金针菇有一种色泽白嫩的乳白，颜色特别均匀，有一股清香的味道。

材料：

金针菇40克，上海青70克，虾仁50克，面条100克，葱花少许

调料：

盐2克，鸡汁、生抽、食用油各适量

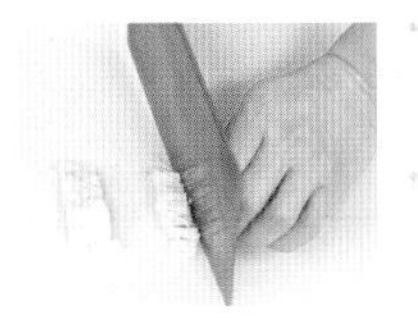

❶ 把洗净的金针菇切去根部，切段。

❷ 洗好的上海青切丝，改切成粒。

❸ 用牙签挑去虾线，把虾仁切成粒。

❹ 面条切成段。

❺ 汤锅注水烧开，放入鸡汁、盐、生抽，拌匀。

❻ 放入面条，加入适量食用油，煮至面条熟透。

❼ 放入金针菇、虾仁，拌匀煮沸。

❽ 放入上海青，用大火烧开。

❾ 撒入少许葱花，搅拌匀。

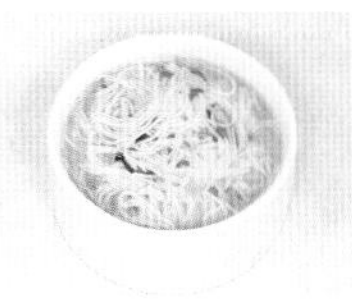

❿ 把煮好的面条盛出，装入碗中即可。

牛肉菠菜碎面

材料：

龙须面100克，菠菜15克，牛肉35克，清鸡汤200毫升

调料：

盐2克，生抽5毫升，料酒5毫升，食用油适量

做法：

1. 洗好的牛肉切薄片，再切细丝，改切成末。
2. 洗净的菠菜切成碎末，待用。
3. 热锅注油，放入牛肉末，炒至变色。
4. 淋入少许料酒，加入盐，炒匀调味。
5. 关火后将炒好的肉末盛出，装入盘中，待用。
6. 锅中注入适量清水，用大火烧开。
7. 倒入龙须面，搅匀，煮3分钟至其熟软。
8. 将煮好的面条捞出，沥干水分，装入碗中。
9. 锅中倒入鸡汤、牛肉末再加入少许盐，搅拌至入味。
10. 淋入生抽搅匀，倒入菠菜末，煮至熟软盛入面中即可。

喂养小贴士

选购叶子厚度较大的菠菜，用手托住根部能够伸张开来的菠菜较好。

鸡汤烩面

材料：

面粉160克，鸡腿160克，鸡蛋液50克，食用碱粉1克，蒜苗30克，生菜120克

调料：

盐3克，食用油适量，芝麻油少量

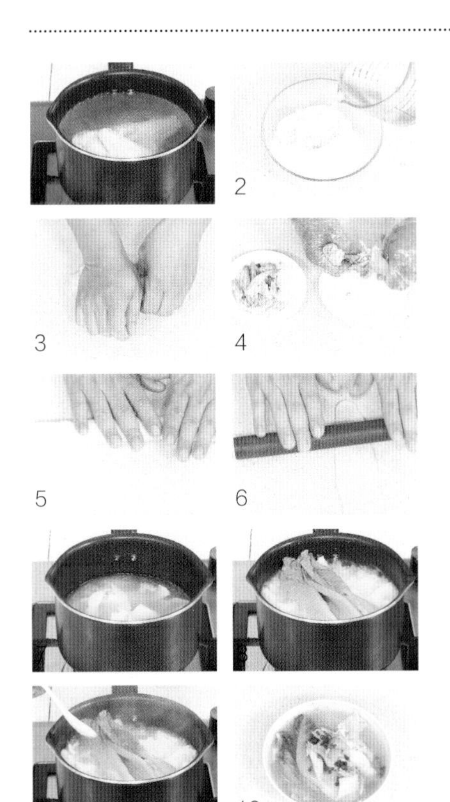

做法：

❶ 热锅注水烧热，放入鸡腿，加盖，转小火煮30分钟。

❷ 小碗中放碱粉，注水搅拌，再倒入大碗中，加鸡蛋液拌匀，放150克面粉，搅拌。

❸ 将面粉放在台面上，和成面团放在碗中，封上保鲜膜，饧20分钟。

❹ 将煮好的鸡腿捞起，鸡汤留着待用，鸡腿肉用手撕开放入盘中。

❺ 饧面后将面团搓成条，揪出小剂子，按压成小面饼。

❻ 搓成面条，再擀成薄皮，撕成条状。

❼ 将面条放入煮沸的鸡汤中。

❽ 再倒入鸡肉，拌匀倒入生菜。

❾ 放入蒜苗、盐、适量食用油，搅拌均匀。

❿ 将煮好的面条盛入碗中即可。

肉末豆角打卤面

材料：

西红柿 35 克

豆角 20 克

碱水面 120 克

肉末 50 克

葱花少许

调料：

盐 3 克

鸡粉 2 克

料酒 4 毫升

生抽 3 毫升

白糖 3 克

番茄酱 25 克

水淀粉、芝麻油、食用油各适量

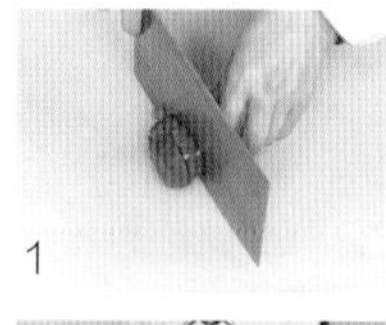

做法：

1. 洗好的豆角切丁，西红柿切小块。
2. 锅中注入适量清水烧开，加入盐、食用油，略煮片刻。
3. 放入碱水面，拌匀，煮约 2 分 30 秒至熟捞出，沥干待用。
4. 用油起锅，倒入肉末，炒至变色。
5. 淋入料酒，炒匀，倒入豆角，炒至断生。
6. 加入生抽，炒匀，倒入西红柿，翻炒匀。
7. 注入适量清水，加入白糖、盐、鸡粉。
8. 加入番茄酱，拌匀，用大火煮至沸。
9. 用水淀粉勾芡。
10. 撒上葱花，淋入少许芝麻油，拌匀，制成酱料浇在面条上即可。

喂养小贴士

西红柿含有蛋白质、维生素 C、胡萝卜素等。

生菜鸡丝面

材料：

鸡胸肉 150 克

生菜 60 克

碱水面 80 克

调料：

上汤 200 毫升

盐 3 克

鸡粉 3 克

水淀粉 3 毫升

食用油适量

做法：

1. 洗净的鸡胸肉切片，再改切成丝。
2. 肉丝盛入碗中。
3. 加入盐、鸡粉、水淀粉，拌匀。
4. 加少许食用油，腌渍 10 分钟。
5. 锅中加入适量清水烧开，放入碱水面搅拌，煮 2 分钟。
6. 把煮好的面条捞出，放入碗中备用。
7. 锅中加入少许清水，加入上汤煮沸。
8. 放入鸡肉丝，加盐、鸡粉。
9. 放入生菜，煮熟夹出放在面条上。
10. 加入鸡肉丝和汤汁即可。

喂养小贴士

为保持生菜的营养和口感，焯水时间不宜长，烫到生菜叶稍微发软即可。

虾仁蔬菜稀饭

材料：

虾仁 30 克，胡萝卜 35 克，洋葱 40 克，秀珍菇 55 克，稀饭 120 克，高汤 200 毫升

调料：

食用油适量

喂养小贴士

优质鲜香菇要菇形圆整，菌盖下卷、菌肉肥厚、菌褶白色整齐、干净干爽。

❶ 水烧沸，倒入洗净的虾仁，煮至虾身弯曲。

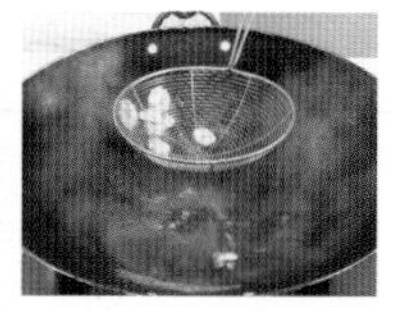

❷ 捞出虾仁，沥干水分，待用。

❸ 洗净的洋葱切成小丁块，胡萝卜去皮切丁。

❹ 将放凉的虾仁切碎，秀珍菇切细丝。

❺ 砂锅置于火上，淋入少许食用油。

❻ 倒入洋葱，炒香。

❼ 放入胡萝卜、虾仁、秀珍菇，炒匀。

❽ 倒入高汤，加入稀饭，拌匀、炒散。

❾ 盖上盖，烧开后用小火煮至食材熟透。

❿ 揭盖，搅拌匀至稀饭浓稠即可关火盛出装碗。

鳕鱼炒饭

喂养小贴士

鳕鱼含有蛋白质、碳水化合物、烟酸、维生素A以及多种矿物质，具有活血祛瘀、补血止血、清热、消炎等作用。

材料：

凉米饭200克，鳕鱼肉120克，胡萝卜90克，白兰地10毫升，葱花少许

调料：

盐3克，鸡粉2克，生抽4毫升，胡椒粉少许，食用油适量

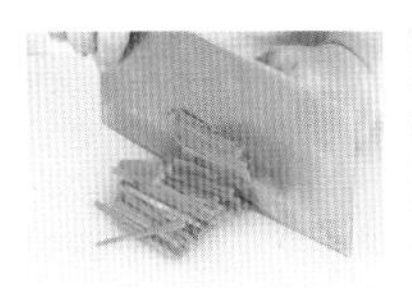

❶ 将洗净去皮的胡萝卜切片，再切丝。

❷ 鳕鱼肉切片，切条，切丁，装入碗中。

❸ 放少许盐、胡椒粉、生抽，拌匀腌渍30分钟。

❹ 热锅注油烧热，倒入鱼肉丁，煎至焦黄色。

❺ 关火后盛出，待用。

❻ 用油起锅，倒入胡萝卜，略炒。

❼ 倒入米饭，炒松散，放入鱼肉丁，炒匀。

❽ 加少许盐，撒上鸡粉，炒匀，加白兰地。

❾ 放入葱花，炒匀。

❿ 关火后盛出，装入碗中即可。

南瓜拌饭

材料：

南瓜 90 克，芥菜 60 克，水发大米 150 克

调料：

盐少许

做法：

1. 把去皮洗净的南瓜切片，再切成条，改切成粒。
2. 洗好的芥菜切丝，切成粒。
3. 将大米倒入碗中，加入适量清水。
4. 把切好的南瓜放入碗中，备用。
5. 将装有大米、南瓜的碗分别放入烧开的蒸锅中。
6. 盖上盖，用中火蒸 20 分钟至食材熟透。
7. 揭盖，把蒸好的大米和南瓜取出待用。
8. 汤锅中注入适量清水烧开，放入芥菜，煮沸。
9. 放入蒸好的南瓜，搅拌均匀。
10. 在锅中加入适量盐，搅拌均匀，关火盛出即可。

喂养小贴士

南瓜含有丰富的锌，能参与人体内核酸、蛋白质的合成。

南瓜虾仁炒饭

材料：

南瓜 60 克，胡萝卜 80 克，虾仁 65 克，豌豆 50 克，米饭 100 克，黑芝麻 15 克，奶油 30 克

做法：

1. 洗净去皮的胡萝卜、南瓜切成粒。
2. 洗净的豌豆切开，虾仁切碎。
3. 锅中注入清水烧开，倒入豌豆，煮 2 分钟。
4. 倒入胡萝卜、南瓜，煮至断生捞出沥干待用。
5. 沸水锅中倒入虾仁，拌匀，煮约 1 分 30 秒，至其呈淡红色。
6. 捞出虾仁，沥干水分，待用。
7. 煎锅内倒入奶油，炒至溶化，倒入虾仁，翻炒均匀。
8. 倒入备好的胡萝卜、南瓜、豌豆。
9. 放入米饭，加入少许清水，炒匀炒香。
10. 撒上备好的黑芝麻，翻炒均匀盛出即可。

喂养小贴士

健康的虾眼球呈圆形，黑色而有光亮，反之则不健康。

牛肉炒饭

材料：

米饭 250 克，牛肉 100 克，生菜 50 克，葱花少许

调料：

盐 3 克，鸡粉 2 克，料酒 4 毫升，胡椒粉、食用油各适量

做法：

1. 将洗净的生菜切成条，切段，再切成粒。
2. 洗净的牛肉切碎，剁成肉末。
3. 用油起锅，倒入牛肉末，翻炒片刻至转色。
4. 淋入少许料酒，炒香。
5. 倒入米饭，翻炒均匀。
6. 加入适量盐、鸡粉。
7. 撒入少许胡椒粉，炒匀调味。
8. 倒入生菜，撒入少许葱花。
9. 快速拌炒均匀。
10. 将炒饭盛出装盘即可。

喂养小贴士

新鲜牛肉呈均匀的红色，有光泽，触摸时不粘手，指压后的凹陷能立即恢复。

芥菜鸡肉炒饭

材料：

米饭 160 克，鸡肉末 80 克，芥菜 70 克，胡萝卜 30 克，圆椒 35 克

调料：

鸡粉 1 克，盐 2 克，食用油适量

做法：

1. 洗好的圆椒、胡萝卜切成丁。
2. 将洗净的芥菜梗切开，切小块，芥菜叶切碎。
3. 锅中注入适量清水烧开，加入少许食用油、盐。
4. 倒入切好的圆椒、胡萝卜，略煮一会儿。
5. 放入鸡肉末，拌匀，煮至变色，倒入芥菜，煮约半分钟。
6. 捞出材料，沥干水分，待用。
7. 用油起锅，倒入米饭，用小火炒松散。
8. 倒入汆煮过的材料，炒匀、炒香。
9. 加入少许盐、鸡粉。
10. 拌炒均匀至食材入味，关火装盘即可。

喂养小贴士

芥菜焯水后可过一下凉开水，能保持其翠绿的色泽。

香菇鸡肉饭

材料：

鲜香菇30克
鸡胸肉70克
胡萝卜60克
彩椒40克
芹菜20克
米饭200克
蒜末少许

调料：

生抽3毫升
芝麻油2毫升
盐、食用油各适量

做法：

1. 洗净的香菇、胡萝卜切成片，再切成粒。
2. 洗净的彩椒、芹菜切成粒。
3. 洗净的鸡胸肉切成片，再切条，改切成丁。
4. 锅中放适量清水烧开，放切好的食材（鸡肉丁除外）搅匀，煮半分钟，至其断生。
5. 将煮好的食材捞出，沥干水分，备用。
6. 用油起锅，倒入鸡肉丁，翻炒至变色，加入蒜末，炒香。
7. 放入焯过水的食材，翻炒均匀。
8. 倒入备好的米饭，快速翻炒至松散。
9. 加入适量盐、生抽，炒匀调味，淋入芝麻油。
10. 翻炒片刻至食材入味，装盘即可。

喂养小贴士

香菇含有多种维生素、矿物质和胆碱、酪氨酸及某些核酸物质，能促进人体新陈代谢。

牛肉白菜汤饭

材料：

牛肉 110 克

虾仁 60 克

胡萝卜 55 克

白菜 70 克

米饭 130 克

海带汤 300 毫升

调料：

芝麻油少许

做法：

1. 锅中注入适量清水烧开，放入牛肉，煮约 10 分钟至其断生。
2. 捞出牛肉，沥干水分，放凉待用。
3. 沸水锅中倒入虾仁煮至变色，捞出沥干待用。
4. 洗净的白菜切丝，去皮的胡萝卜切粒。
5. 将放凉的牛肉切成粒，汆过水的虾仁剁碎，备用。
6. 砂锅置于火上，倒入海带汤。
7. 放入牛肉、虾仁、胡萝卜，拌匀。
8. 盖上盖，烧开后用小火煮约 10 分钟。
9. 揭开盖，倒入米饭，搅散，放入白菜，拌匀。
10. 再盖上盖，中火续煮约 10 分钟至食材熟透，淋芝麻油，拌匀即可。

喂养小贴士

烹制牛肉前，可先用芥末在肉面上抹一下，用冷水洗掉，这样不仅熟得快，而且肉质鲜嫩。

豌豆饭

材料：

水发大米160克，豌豆120克，竹笋100克，咸肉200克，彩椒15克

调料：

鸡粉2克，料酒、食用油各适量

喂养小贴士

剥开豌豆的表皮，新鲜豌豆的肉和外层一样是鲜绿色的，而染过色的老豌豆的豆肉颜色略微发白，有别于外层颜色。

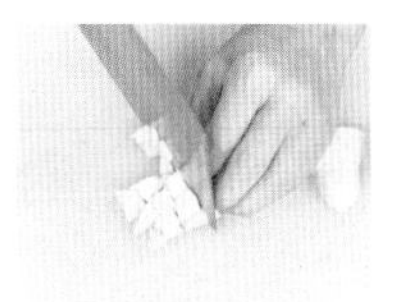

❶ 将洗净的彩椒、去皮的竹笋切成小块。

❷ 咸肉切成片，再切条形，改切成小块。

❸ 清水烧热，倒入竹笋，淋入料酒，煮5分钟。

❹ 倒入豌豆，煮至断生，捞出沥干，备用。

❺ 砂锅置于火上，淋入少许食用油。

❻ 倒入咸肉，淋入料酒，拌匀。

❼ 放入豌豆、竹笋，拌匀，加入鸡粉。

❽ 注入适量清水，倒入洗净的大米，拌匀。

❾ 加盖，小火煮30分钟，下彩椒，再焖5分钟。

❿ 关火，盛出装入碗即可。

西班牙海鲜焗饭

喂养小贴士

质量好的鱿鱼一般体型完整坚实、体表面略现白霜、肉肥厚、半透明、背部不红。

材料：

虾仁 50 克，熟米饭 100 克，芝士片 1 片，黄油 10 克，培根 30 克，鱿鱼 20 克，玉米粒 20 克，去皮胡萝卜 40 克，黄瓜 45 克，芹菜粒 10 克，西红柿 55 克

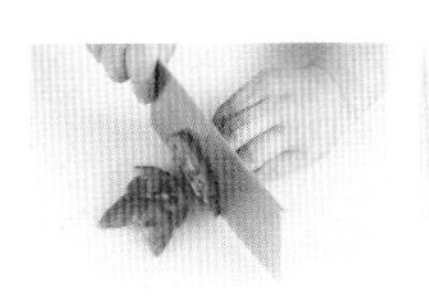

❶ 洗净的番茄、培根切片。

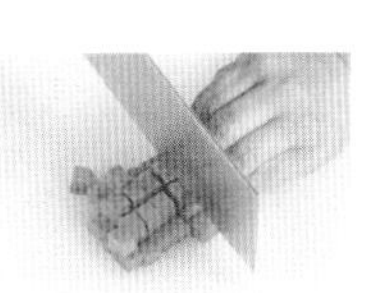

❷ 胡萝卜、黄瓜切成丁。

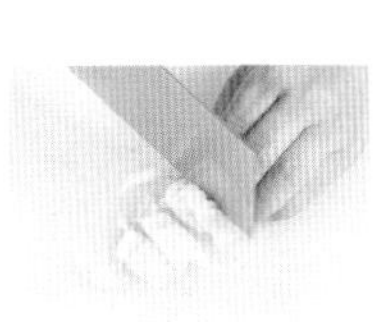

❸ 鱿鱼切小块。

❹ 热锅倒入黄油，加热至溶化，倒入培根炒香。

❺ 倒入胡萝卜、黄瓜、玉米粒、熟米饭炒香。

❻ 注入适量清水，加盐，拌炒均匀。

❼ 将炒好的米饭盛入盘中，放上芝士片。

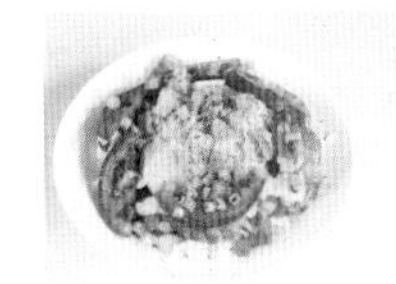

❽ 摆上虾仁、鱿鱼、番茄、芹菜碎、黑胡椒碎。

❾ 放入电烤箱，温度调至200℃，时间 8 分钟。

❿ 待时间到，打开箱门，将食材取出即可。

芝麻香芋饺子

材料：

香芋 300 克，芝麻 15 克，熟猪油 15 克，饺子皮数张

调料：

盐 2 克，白糖 4 克，食用油适量

做法：

❶ 洗净去皮的香芋切大块，再切厚片。
❷ 把香芋块放入蒸锅中，用大火蒸熟。
❸ 取出香芋，晾凉，放在案板上，压成泥状。
❹ 烧热炒锅，倒入芝麻，炒至熟盛出。
❺ 热锅注油，放入香芋泥，炒至熟盛出。
❻ 放入芝麻、熟猪油，拌匀，加入适量盐、白糖搅拌，制成芝麻香芋馅。
❼ 取饺子皮，将适量馅料放在饺子皮上。
❽ 收口，捏紧呈褶皱花边，制成饺子生坯。
❾ 在蒸盘刷上一层食用油，放上饺子生坯。
❿ 将蒸盘放入蒸锅中，用大火蒸 3 分钟，至饺子生坯熟透即可。

喂养小贴士

香芋含有较多的粗蛋白、淀粉、聚糖、钾等成分，可以帮助身体排出多余的钠。

南瓜馒头

材料：

熟南瓜 200 克，低筋面粉 500 克，白糖 50 克，酵母 5 克

调料：

食用油适量

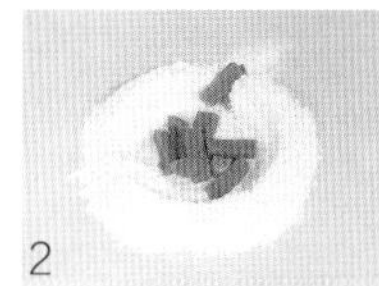
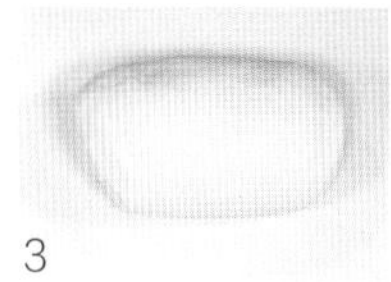

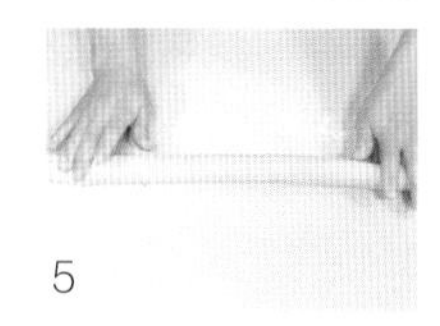

做法：

1. 将面粉、酵母倒在案板上，混合匀，用刮板开窝。
2. 放入白糖，倒入熟南瓜，搅拌至南瓜成泥状。
3. 分数次加入清水反复揉搓，制成南瓜面团。
4. 把制作好的南瓜面团放入保鲜袋中，包裹好，静置约 10 分钟，备用。
5. 取来南瓜面团，取下保鲜袋，搓成长条形。
6. 再切成数个剂子，即成馒头生坯。
7. 取一个干净的蒸盘，刷上一层食用油，再摆放好馒头生坯。
8. 蒸锅放置在灶台上，注入清水，再放入蒸盘。
9. 盖上锅盖，静置约 1 小时，使生坯发酵、涨开。
10. 开火，水烧开后再用大火蒸约 10 分钟，至食材熟透，即可装盘。

喂养小贴士

挑选南瓜最重要的一点是熟，成熟南瓜外形完整、颜色深黄、条纹清晰粗重。

双色馒头

材料：

低筋面粉 1000 克

酵母 10 克

白糖 100 克

熟南瓜 200 克

调料：

食用油适量

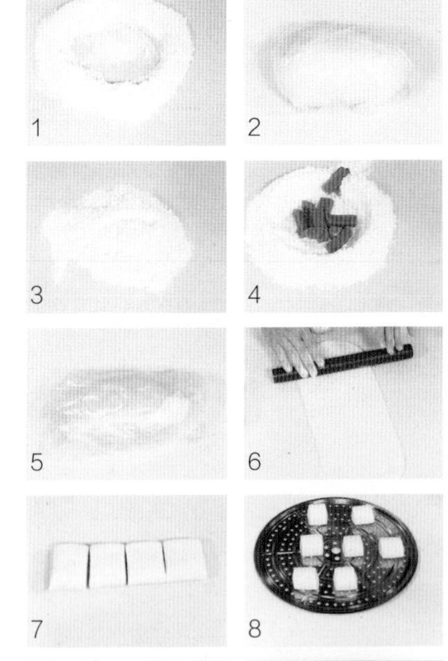

做法：

1. 取 500 克面粉、5 克酵母倒在案板上，混合均匀，加入 50 克白糖，分次加入清水，揉至面团光滑。
2. 放入保鲜袋中，包紧、裹严实，静置约 10 分钟。
3. 再取余下的面粉和酵母倒在案板上，混合匀。
4. 用刮板开窝，加入 50 克白糖，倒入熟南瓜。
5. 搅拌匀，分多次加水，揉至光滑，放入保鲜膜中发酵 10 分钟。
6. 将白色面团、黄色面团擀平，叠在一起后压紧。
7. 切成数个大小相等的剂子，即馒头生坯。
8. 蒸盘抹油，放上剂子；蒸锅中注入适量清水。
9. 把蒸盘放在蒸锅内，发酵约 1 小时。
10. 烧开后大火蒸约 10 分钟，取出即可。

喂养小贴士

熟南瓜碾成泥后再加入面粉中，搅拌起来会更省力一些。

豆角焖饭

材料：

大米 100 克

豆角 100 克

猪瘦肉 60 克

青椒 30 克

调料：

盐 2 克

食用油适量

做法：

❶ 洗净的豆角切小段。

❷ 洗好的瘦肉切小块。

❸ 洗净的青椒切圈。

❹ 把豆角、青椒倒入沸水中焯煮片刻。

❺ 捞出，沥干水分，装入盘中待用。

❻ 倒入瘦肉，汆煮片刻。

❼ 关火后捞出汆煮好的瘦肉，沥干水分，装入盘中备用。

❽ 取电饭锅，倒入豆角、大米、青椒、瘦肉，加入盐、食用油。

❾ 注入清水至水位线，拌匀，选择“米饭”功能，蒸煮 45 分钟。

❿ 断电后盛出蒸好的米饭，装入碗中即可。

喂养小贴士

豆角具有益气补血、解渴健脾、益肝补肾等功效。

蔬菜饼

材料：

西红柿 120 克

青椒 40 克

面粉 100 克

包菜 50 克

鸡蛋 50 克

益力多适量

调料：

盐 2 克

食用油适量

做法：

1. 洗净的青椒切开，去籽，再切条，切成小块。
2. 洗净的西红柿切丁，包菜切碎。
3. 用油起锅，倒入包菜、青椒、西红柿，炒匀。
4. 再略微翻炒，至食材熟软。
5. 将炒好的菜盛出装入盘中，待用。
6. 取一个碗，倒入面粉，倒入打散的鸡蛋液、益力多，拌匀。
7. 注入适量清水，拌匀，制成面糊。
8. 倒入炒好的食材，拌匀，加入盐，搅拌均匀。
9. 煎锅注油烧热，倒入面糊。
10. 摊成面饼，将面饼煎至两面成金黄色即可盛出装盘。

喂养小贴士

自然成熟的西红柿多汁，果肉红色，籽呈土黄色；催熟的西红柿形状不圆，外形多呈棱形。

鱿鱼蔬菜饼

材料：

去皮胡萝卜90克，去壳的鸡蛋1个，鱿鱼80克，生粉30克，葱花少许

调料：

盐1克，食用油适量

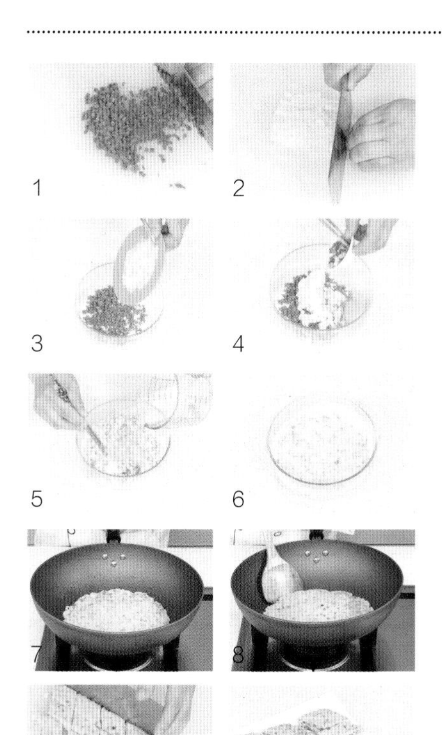

做法：

1. 洗净去皮的胡萝卜切碎。
2. 洗净的鱿鱼切丁。
3. 取空碗，倒入生粉、胡萝卜碎、鱿鱼丁。
4. 加入鸡蛋、葱花，搅拌均匀。
5. 倒入适量清水，加入盐。
6. 搅拌成面糊，待用。
7. 用油起锅，倒入面糊，煎约3分钟至底部微黄。
8. 翻面，续煎2分钟至两面焦黄。
9. 关火后将煎好的鱿鱼蔬菜饼盛出放凉，再切小块。
10. 将切好的鱿鱼蔬菜饼装盘即可。

喂养小贴士

鱼虾类含有丰富的DHA，利于宝宝大脑和视网膜的发育。

菠汁馒头

材料：

面粉 500 克，白糖 50 克，泡打粉 5 克，酵母 5 克，菠菜汁 250 毫升，猪油 20 克

调料：

食用油适量

做法：

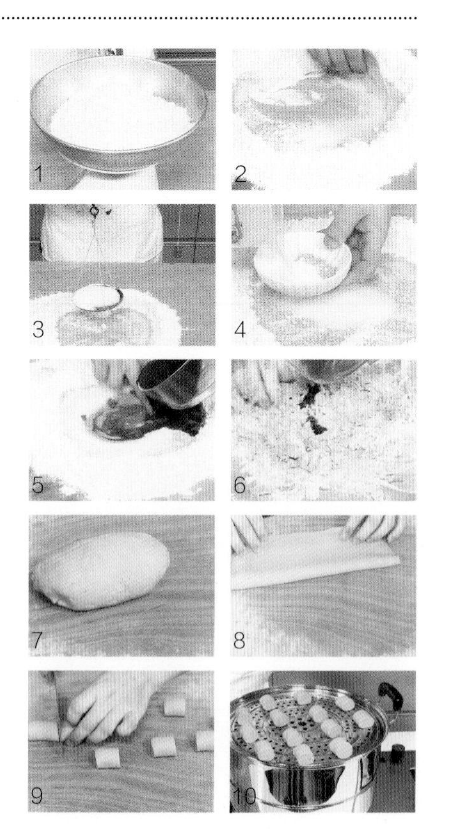

1. 用秤称取面粉。
2. 把面粉倒在案板上，用刮板将面粉开窝。
3. 称取白糖、泡打粉，白糖倒入窝中，泡打粉洒在面粉上。
4. 称取酵母，把酵母盛入碗中，加少许面粉，再加少许清水，搅匀。
5. 在面粉窝中倒少许菠菜汁，拌至白糖溶化，加入活化好的酵母，拌匀。
6. 刮入面粉，和匀，分数次倒入剩余的菠菜汁。
7. 揉搓成面团，称取猪油加入面团中，用力揉搓面团
8. 用擀面杖将面团擀成面片，对折再擀平，反复操作 2 ~ 3 次。
9. 面片卷起来，搓成长条，切成大小相同的馒头生坯。
10. 再放入刷食用油的蒸盘，放入水温 30℃的蒸锅发酵 30 分钟，大火蒸 8 分钟即可。

鸡蛋蒸糕

材料：

鸡蛋2个，菠菜30克，洋葱35克，胡萝卜40克

调料：

盐2克，鸡粉少许，食用油4毫升

做法：

1. 将洗净的胡萝卜去皮切成薄片，洋葱剁成末。
2. 沸水锅内放入胡萝卜片煮至断生，捞出沥干。
3. 再倒入洗净的菠菜，搅拌匀，煮约半分钟待其色泽翠绿后捞出沥干放凉。
4. 将放凉的菠菜、胡萝卜切碎，剁成末。
5. 鸡蛋打入碗中，加入盐、鸡粉，搅拌均匀。
6. 倒入胡萝卜末、菠菜末，再撒上洋葱末。
7. 注入少许清水，搅拌匀，制成蛋液。
8. 另取一个汤碗，倒入备好的蛋液。
9. 蒸锅上火烧开，放入装有蛋液的汤碗。
10. 盖上盖子，用小火蒸约12分钟至全部食材熟透即可。

喂养小贴士

橘黄色皮的洋葱层次较厚，水分较多，口感相当较脆。

上汤银针粉

材料：

澄面300克，生粉60克，胡萝卜100克，水发香菇40克，火腿80克，小白菜45克，上汤800毫升

调料：

盐2克，食用油适量

喂养小贴士

小白菜青是青，白是白。叶要很绿，而叶帮要很白，这种小白菜生长的较好。

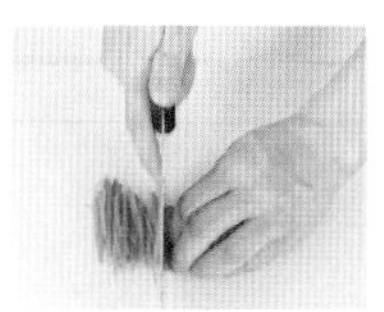

❶ 胡萝卜、火腿切丝，香菇切条，小白菜去老叶。

❷ 沸水中放盐、食用油、小白菜，煮半分钟。

❸ 小白菜捞出沥干。倒入香菇，煮半分钟捞出。

❹ 把澄面和生粉混合均匀，倒入开水，搅拌烫面。

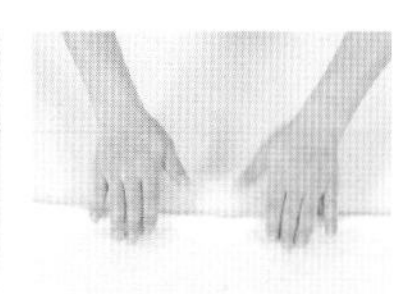

❺ 把面糊搓成光滑的面团，再搓成细长条状。

❻ 切成剂子后搓成细条状，制成粉条生坯。

❼ 取碗，倒入适量食用油，放入生坯，浸泡待用。

❽ 用油起锅，倒入火腿，炒香盛出，待用。

❾ 锅中倒入上汤、香菇、胡萝卜丝、盐、油。

❿ 放入生坯，煮熟盛出，放上小白菜、火腿即可。

四色虾仁

材料：

鲜虾肉60克，黄瓜40克，去皮土豆100克，水发木耳30克

调料：

盐、白糖各2克，鸡粉1克，芝麻油3毫升

做法：

1. 土豆切厚片，切粗条，改切成丁。
2. 洗净的黄瓜对半切开，再切条，改切成丁。
3. 泡好的木耳切小块，待用。
4. 沸水锅中倒入切好的土豆丁，搅匀，煮约5分钟至微软。
5. 放入切好的木耳，搅匀。
6. 煮约2分钟至烧开，放入处理干净的虾肉，煮约1分钟至转色熟透。
7. 捞出熟透的食材，沥干水分，装盘，放凉待用。
8. 将放凉的食材装入大碗，放入切好的黄瓜丁。
9. 加入盐、鸡粉、白糖、芝麻油，将调料拌匀。
10. 将拌好的食材装盘即可。

喂养小贴士

鲜黄瓜表皮带刺，以那种轻轻一摸就会碎断的刺为好，刺小而密的黄瓜较好吃。

豌豆玉米炒虾仁

材料：

豌豆 120 克
玉米粒 80 克
虾仁 100 克
姜片、蒜末、
葱段各少许

调料：

水淀粉、
食用油各适量
盐 2 克
鸡粉 2 克
料酒 10 毫升

做法：

1. 洗好的虾仁切成小块。
2. 把虾仁装入碗中，加入少许盐、鸡粉、料酒，拌匀，倒入少许水淀粉。
3. 拌匀上浆，腌渍约 15 分钟，待用。
4. 锅中注入适量清水烧开，加入少许盐、食用油，放入豌豆略煮，倒入玉米粒，焯煮至断生。
5. 捞出材料，沥干水分，待用。
6. 用油起锅，倒入姜片、蒜末、葱段，爆香。
7. 倒入虾仁，快速翻炒至虾身弯曲，呈淡红色，放入焯煮过的材料，炒匀炒香。
8. 转小火，加入少许盐、鸡粉，炒匀调味。
9. 用水淀粉勾芡。
10. 关火后盛出炒好的菜肴，装入盘中即成。

喂养小贴士

挑选玉米的时候，要挑选颗粒饱满的，水分充足，比较新鲜。

清蒸牛肉丁

材料：

牛肉 150 克

姜片 8 克

香叶 2 片

干辣椒 3 克

花椒 2 克

葱花 3 克

调料：

生抽 10 毫升

水淀粉 15 毫升

五香粉 2 克

做法：

1. 洗净的牛肉切丁装碗，放入姜片。
2. 倒入牛抽、香叶、干辣椒、花椒、五香粉。
3. 拌匀，腌渍 15 分钟至入味后装盘。
4. 取出已烧开上气的电蒸锅，放入牛肉丁，加盖，调好时间旋钮，蒸 10 分钟至熟。
5. 揭盖，取出蒸好的牛肉丁，再将牛肉汤汁倒入碗中。
6. 锅置火上，倒入少许清水烧开。
7. 倒入牛肉汤汁，煮至沸腾。
8. 倒入水淀粉，搅匀至汤汁浓稠。
9. 将浓稠汤汁浇在牛肉上。
10. 最后撒上葱花即可。

喂养小贴士

牛肉注水后，肉纤维更显粗糙，暴露纤维明显；仔细观察肉面，常有水分渗出。

西芹炒虾仁

材料：

西芹150克，红椒10克，虾仁100克，姜片、葱段各少许

调料：

盐、鸡粉各2克，水淀粉、料酒、食用油各适量

喂养小贴士

购买新鲜的西芹时要注意是否笔直，叶子有无翘以及软、黄的状态，如果有就代表不新鲜了。

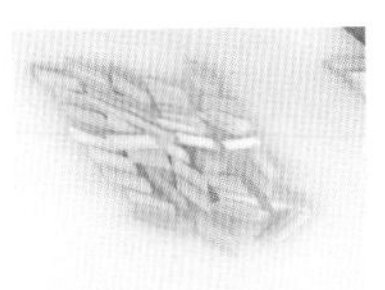

❶ 将洗净的西芹切开，改切成段。

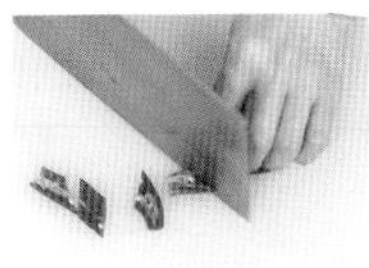

❷ 洗好的红椒切开，去籽，切段。

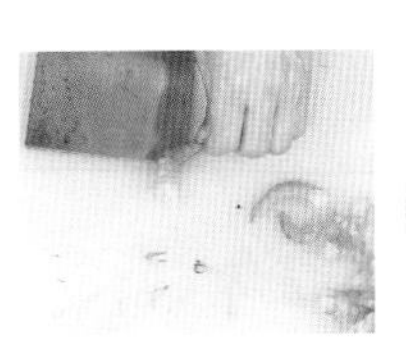

❸ 洗净的虾仁从背部切开，去除虾线。

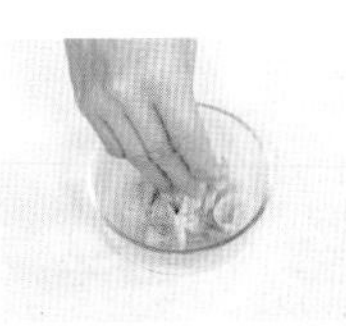

❹ 虾仁中放入盐、鸡粉、水淀粉匀，腌渍片刻。

❺ 沸水锅中加少许盐、油，西芹，煮约半分钟。

❻ 放入红椒，续煮约半分钟捞出，待用。

❼ 沸水锅中倒入虾仁，汆煮至淡红色捞出待用。

❽ 用油起锅，倒入姜片、葱段，爆香。

❾ 放入虾仁、料酒，炒香后倒入西芹和红椒。

❿ 加盐、鸡粉，倒入水淀粉勾芡即可关火盛盘。

虾仁西蓝花

喂养小贴士

挑选西蓝花，挑球茎大、花球表面凹凸较少的较好。

材料：

西蓝花 230 克，

虾仁 60 克

调料：

盐、鸡粉、水淀粉各少许，食用油适量

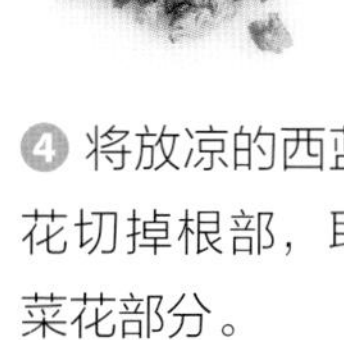

❶ 锅中注入适量清水烧开，加入少许食用油、盐。

❷ 倒入洗净的西蓝花，拌匀，煮1分钟至其断生。

❸ 捞出焯煮好的西蓝花，捞出沥干，放凉待用。

❹ 将放凉的西蓝花切掉根部，取菜花部分。

❺ 洗净的虾仁切成小段。

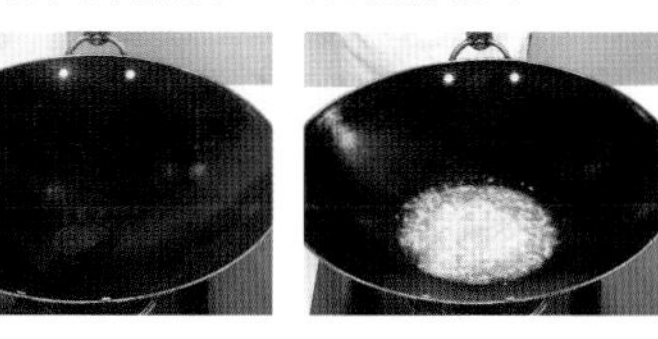

❻ 加少许盐、鸡粉、水淀粉，腌渍 10 分钟。

❼ 炒锅中注适量油烧热。

❽ 注入适量清水，加少许盐、鸡粉。

❾ 倒入腌虾仁，煮至虾身卷起并呈现淡红色。

❿ 关火，取盘，摆上西蓝花，盛入虾仁即可。

水果蔬菜沙拉

材料：

豌豆、花菜、包菜、生菜、西瓜、哈密瓜、西蓝花、火龙果、沙拉酱各20克

调料：

橄榄油适量

做法：

1. 洗净的生菜撕成小块，包菜对半切块，切成条状。
2. 西瓜、哈密瓜去皮去籽，切成小块。
3. 火龙果剥皮，切成小块状。
4. 洗净的花菜、西蓝花去根部，切成小朵状。
5. 豌豆剥壳，取出豆粒，放入碗中。
6. 热锅注水烧热，放入豌豆，焯煮至熟。
7. 放入花菜、西蓝花、包菜，焯烫后捞出。
8. 在玻璃碗中放入汆过水的食材和西瓜、哈密瓜、火龙果。
9. 再淋入橄榄油，倒入沙拉酱，搅拌均匀。
10. 在备好的盘中铺入生菜，倒入沙拉即可。

喂养小贴士

挑选火龙果时，多拿起几个比较一番，挑最沉最重的火龙果，重的汁多、果肉饱满。

虾仁四季豆

材料：

四季豆 200 克，虾仁 70 克，姜片、蒜末、葱白各少许

调料：

盐 4 克，鸡粉 3 克，料酒 4 毫升，水淀粉、食用油各适量

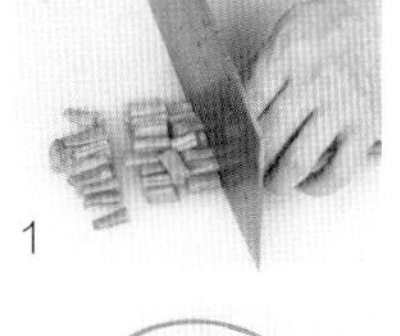
1

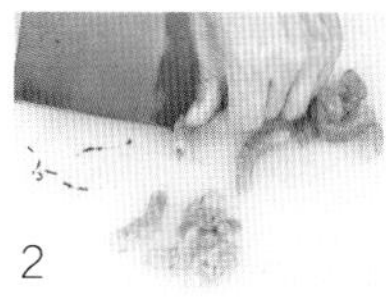
2

3

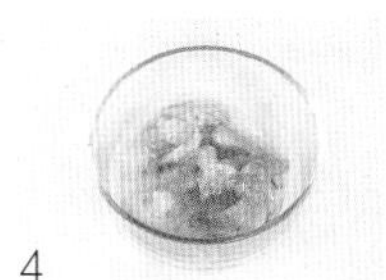
4

5

6

7

8

9

10

做法：

1. 把洗净的四季豆切成段。
2. 洗好的虾仁由背部切开，去除虾线。
3. 虾仁中放入少许盐、鸡粉、水淀粉，抓匀。
4. 倒入适量食用油，腌渍 10 分钟至入味。
5. 锅中注水烧开，加入适量食用油、盐，倒入四季豆，焯煮 2 分钟至其断生。
6. 把焯好的四季豆捞出，备用。
7. 用油起锅，放入姜片、蒜末、葱白，爆香。
8. 倒入腌渍好的虾仁拌炒匀，放入四季豆，炒匀，淋入料酒，炒香。
9. 加入适量盐、鸡粉，炒匀调味。
10. 倒入适量水淀粉，拌炒均匀，装盘即可。

喂养小贴士

选购四季豆时，挑那些色泽嫩绿、表皮光洁无斑痕，而且豆荚饱满、肥硕多汁的。

虾仁扒油菜

材料：

油菜 200 克，红椒 15 克，虾仁 100 克，姜片、蒜末、葱白各少许

调料：

盐 6 克，鸡粉 3 克，水淀粉 7 毫升，料酒、食用油各适量

做法：

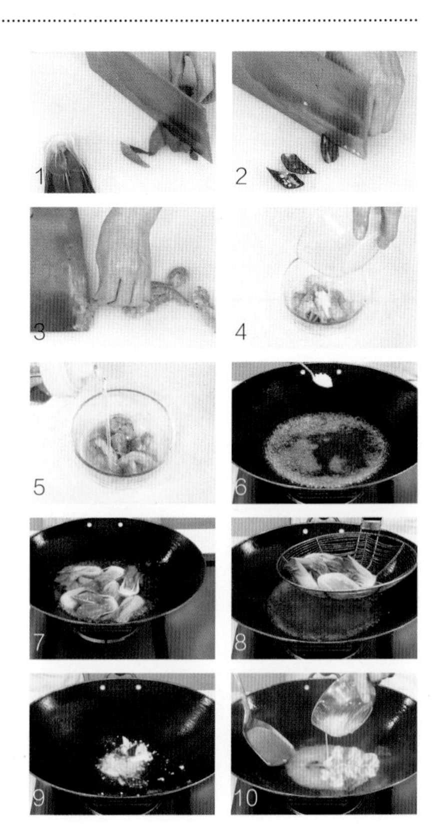

1. 将洗净的油菜对半切开，修整齐。
2. 洗好的红椒对半切开，去籽，切成小块。
3. 把处理干净的虾仁由背部切开，去掉虾线。
4. 将虾仁装入碗中，加入少许盐、鸡粉、水淀粉，抓匀。
5. 倒入适量食用油，腌渍 5 分钟至入味。
6. 锅中倒入 400 毫升清水烧开，加 3 克盐、少许食用油。
7. 放入油菜，搅拌匀，煮约 1 分钟捞出备用。
8. 锅内倒入适量食用油烧热，放入红椒、姜片、蒜末、葱白，爆香。
9. 倒入腌渍好的虾仁拌炒匀，淋入少许料酒，炒香，加少许清水。
10. 放入适量盐、鸡粉，炒匀，加适量水淀粉，快速翻炒，盛放在油菜上即可。

黄瓜木耳炒虾仁

材料：

水发黑木耳 150 克

黄瓜 200 克

虾仁 150 克

红椒片 20 克

姜片、蒜末、葱段各少许

调料：

盐、味精、白糖、

水淀粉、食用油、

食粉、料酒、鸡粉各适量

做法：

❶ 洗净的黄瓜切薄片，黑木耳切小朵。

❷ 将洗净的虾仁从背部切开。

❸ 虾仁加盐、味精、水淀粉抓匀，倒入少许食用油，腌渍入味。

❹ 锅中注水烧热，放入黑木耳、食粉，煮软捞出。

❺ 锅中再换约 550 毫升清水烧热，倒入虾仁，汆烫片刻，捞出。

❻ 炒锅注油，倒入虾仁滑油片刻至断生，捞出。

❼ 锅底留油，下姜片、蒜末、葱段、红椒片，略炒。

❽ 倒入黑木耳、黄瓜，淋少许水炒匀，倒入虾仁。

❾ 加料酒、盐、鸡粉、白糖炒匀，用水淀粉勾芡。

❿ 翻炒至入味，盛入盘中即成。

黑木耳中含有极其丰富的微量元素铁，是人体造血所需，常吃可预防缺铁性贫血。

虾仁炒冬瓜

材料：

冬瓜 500 克

虾仁 70 克

蒜末、姜片、

葱白各少许

调料：

盐 3 克	蚝油 3 克
料酒 4 毫升	味精 2 克
水淀粉 10 毫升	食用油适量

做法：

1. 冬瓜去皮洗净，切 1 厘米厚片，改切成条。
2. 锅中加清水烧开，倒入冬瓜拌匀，煮 1 分钟至熟，捞出。
3. 用油起锅，倒入姜片、蒜末、葱白爆香。
4. 放入洗净的虾仁炒匀，加入料酒炒香。
5. 倒入冬瓜条。
6. 加入蚝油、盐、味精。
7. 快速炒匀调味。
8. 加入少许水淀粉。
9. 拌炒均匀。
10. 将做好的虾仁、冬瓜盛入盘中即可。

喂养小贴士

挑选冬瓜要表面光滑、没有坑包的。切开的冬瓜片，用手指轻轻碰一下，挑选稍硬一些的。

花菜炒虾仁

材料：

虾仁 100 克

花菜 200 克

青椒片、红椒片、

生姜片、葱段各少许

调料：

盐、味精、蛋清、

水淀粉、白糖各适量

做法：

1. 将洗好的虾仁从背部切开。
2. 再把洗净的花菜切成瓣。
3. 虾仁装入碗中，加盐、味精、蛋清抓匀。
4. 倒入水淀粉抓匀，再倒入食用油腌渍片刻。
5. 花菜倒入热水中，加盐、食用油拌匀。
6. 焯熟后捞出。
7. 油锅烧热后倒入虾仁，滑油至熟捞出。
8. 热锅注油，倒入青红椒、生姜片、葱段。
9. 放入花菜、虾仁翻炒，加盐、味精、白糖调味。
10. 倒入少许水淀粉勾芡，翻炒均匀，出锅装盘即成。

喂养小贴士

虾肉中富含蛋白质、脂肪、钙、磷、铁、维生素 A，是极佳的儿童保健食品。

虾仁莴笋

材料：

虾仁 150 克，莴笋 250 克，胡萝卜片、姜片、葱白各少许

调料：

盐、味精、鸡粉、料酒、水淀粉、食用油各适量

做法：

1. 将已去皮洗净的莴笋切片。
2. 再把洗好的虾仁从背部切开，挑去虾线。
3. 虾仁加盐、味精和水淀粉，拌匀。
4. 加入适量食用油，腌渍 5 分钟。
5. 锅中注水烧开，加盐，倒莴笋，再加入少许食用油，煮沸后捞出。
6. 倒入虾仁，汆 1 分钟至断生后捞出。
7. 热锅注油，倒入姜片、葱白。
8. 再倒入虾仁炒香，加入少许料酒。
9. 倒入莴笋片翻炒片刻，加盐、味精、鸡粉调味。
10. 再用水淀粉勾芡，淋入熟油拌匀，盛入盘中即可。

喂养小贴士

莴笋性凉，可清胃热、清热利尿。

鸡肉沙拉

材料：

鸡胸肉 120 克，去皮胡萝卜 60 克，熟土豆块 100 克，熟鸡蛋 1 个，豌豆 30 克

调料：

盐、鸡粉、黑胡椒粉各 3 克，沙拉酱、橄榄油、食用油各适量

做法：

1. 胡萝卜切厚片，切成条，斜刀切成块。
2. 洗净的鸡胸肉切成条，改切成块状。
3. 熟鸡蛋对半切开，切成小瓣，待用。
4. 鸡肉中加入盐、鸡粉、黑胡椒粉、橄榄油。
5. 抓匀，腌渍 10 分钟。
6. 热锅注油烧热，放入鸡肉块，煎至焦黄色。
7. 将煎好的鸡肉块盛入盘中，待用。
8. 碗中加入沙拉酱、胡萝卜块、豌豆、土豆块，搅拌均匀。
9. 往装饰好的盘中放入拌好的食材，点缀上切好的鸡蛋。
10. 再放上鸡肉块即可。

喂养小贴士

鸡肉脂肪含量低，是理想的蛋白质佳品。

鸡肉蒸豆腐

材料：

豆腐350克，鸡胸肉40克，鸡蛋50克

调料：

盐、芝麻油各少许

喂养小贴士

鸡肉不要蒸太久，以免口感变差。

❶ 洗好的鸡胸肉切片，剁成肉末。

❷ 鸡蛋打入碗中，打散调匀，制成蛋液。

❸ 将鸡肉末装入碗中，倒入蛋液，搅拌均匀。

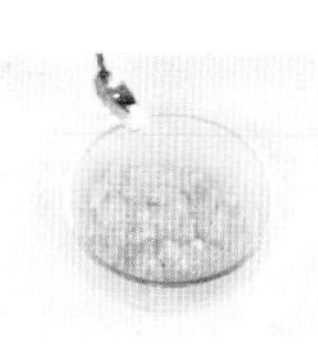

❹ 加入少许盐，拌至起劲，制成肉糊。

❺ 锅中注入适量清水烧热，加入少许盐。

❻ 放入豆腐，煮约1分钟，去除豆腥味。

❼ 捞出焯煮好的豆腐，沥干水分，放凉待用。

❽ 豆腐剁成末，淋入芝麻油，搅匀成豆腐泥。

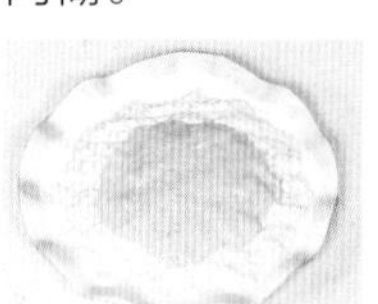

❾ 装入蒸盘，铺平，倒入肉糊，待用。

❿ 放入蒸锅，用中火蒸约5分钟至食材熟透即可。

素炖豆腐

喂养小贴士

豆腐含有蛋白质、B族维生素、叶酸、铁、镁、钾、铜、钙、锌、磷等营养成分。

材料：

豆腐80克，白菜120克，姜片5克，葱段6克，蒜瓣5克

调料：

盐2克，食用油适量

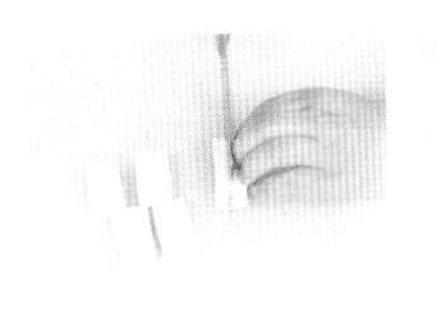

❶ 洗净的白菜切成条，豆腐、蒜瓣切片。

❷ 洗净的葱段切小段。

❸ 沸水锅中倒入白菜，汆烫约1分钟捞出沥干。

❹ 用油起锅，放入切好的豆腐。

❺ 煎约2分钟至底部焦黄，翻面。

❻ 加姜片，爆香。

❼ 加入蒜片、葱段，爆香。

❽ 注入适量清水至没过锅底，放入白菜，搅匀。

❾ 加盖，炖5分钟至食材熟软。

❿ 揭盖，加入盐，搅匀调味，关火盛出即可。

青菜豆腐炒肉末

材料：

豆腐300克，上海青100克，肉末50克，彩椒30克

调料：

盐、鸡粉各2克，料酒、水淀粉、食用油各适量

做法：

1. 洗好的豆腐切厚片，再切条，改切成丁。
2. 洗净的彩椒切条，再切成块。
3. 洗好的上海青切条，再切小块，备用。
4. 锅中注入适量清水烧热，倒入切好的豆腐，略煮一会儿，去除豆腥味。
5. 捞出汆煮好的豆腐，装盘待用。
6. 用油起锅，倒入肉末，炒至变色。
7. 倒入适量清水，拌匀。
8. 加入料酒，倒入豆腐、上海青、彩椒，炒约3分钟至食材熟透。
9. 加入盐、鸡粉，倒入少许水淀粉，翻炒匀。
10. 关火后盛出炒好的菜肴，装盘即可。

喂养小贴士

彩椒应选表皮光滑、个大端正、无蛀洞、肉厚、质脆、味甜、含水分较多者。

肉末蒸丝瓜

材料：

肉末 80 克，丝瓜 150 克，葱花少许

调料：

盐、鸡粉、老抽各少许，生抽、料酒各 2 毫升，水淀粉、食用油各适量

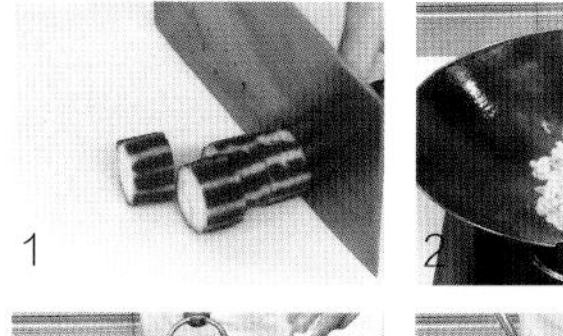

做法：

1. 洗净丝瓜，去皮，切成棋子状的小段。
2. 用油起锅，倒入肉末，翻炒匀，至肉质变色。
3. 淋入少许料酒，炒香、炒透，再倒入少许生抽、老抽，炒匀上色。
4. 加入鸡粉、盐，炒匀，倒入适量水淀粉，炒匀，制成酱料。
5. 关火后盛出酱料，放在碗中，待用。
6. 取一个蒸盘，摆放好丝瓜段。
7. 再放上备好的酱料，铺匀。
8. 蒸锅上火烧开，放入装有丝瓜段的蒸盘。
9. 盖上盖，用大火蒸约 5 分钟，至食材熟透。
10. 关火取出，撒上葱花，浇上热油即成。

喂养小贴士

丝瓜摆好后用牙签刺几个孔，蒸的时候会更容易入味。

肉末蒸冬瓜

材料：

冬瓜 300 克，瘦肉 60 克，姜片、蒜末、葱白、葱花各少许

调料：

盐、鸡粉各少许，老抽、生抽、料酒、水淀粉、食用油各适量

做法：

1. 将去皮洗净的冬瓜切成小块。
2. 洗净的瘦肉切碎，剁成肉末备用。
3. 用油起锅，倒入姜片、蒜末、葱白。
4. 倒入肉末，拌炒匀，淋入少许料酒，炒香。
5. 加适量盐、鸡粉，炒匀，淋入老抽、生抽，拌炒匀。
6. 加入少许清水，煮至沸腾，加入少许水淀粉，炒匀。
7. 把冬瓜装入碗中，铺上炒好的肉末。
8. 再把装有冬瓜和肉末的碗放入烧开的蒸锅中。
9. 加盖，大火蒸约 10 分钟至熟。
10. 取出，撒上少许葱花即可。

喂养小贴士

蒸冬瓜的时间不要过长，以免过于熟烂，影响其鲜嫩口感。

燕麦片果蔬沙拉

材料：

橙子 100 克，西红柿 80 克，燕麦片 80 克，
甜瓜 50 克，酸奶 50 毫升

做法：

❶ 洗净的甜瓜去皮，切小块。
❷ 洗好的西红柿切瓣，去皮，改切成块。
❸ 洗净的橙子切成粗片。
❹ 锅中注入适量清水烧开，倒入燕麦片。
❺ 大火煮 5 分钟至熟。
❻ 关火后将煮好的燕麦片捞出，泡入凉水中。
❼ 冷却后，沥干水分，放入碗中。
❽ 倒入甜瓜、西红柿，拌匀。
❾ 取一碗，摆放好切好的橙子。
❿ 加入拌好的食材，浇上酸奶即可。

喂养小贴士

甜瓜具有保肝护肾、消暑清热、生津解渴等功效。

胡萝卜丝炒豆芽

材料：

胡萝卜 80 克

黄豆芽 70 克

蒜末少许

调料：

盐 2 克

鸡粉 2 克

水淀粉、食用油各适量

做法：

1. 将洗净去皮的胡萝卜切片，改切成丝。
2. 锅中注入适量清水，用大火将水烧开，加入适量食用油，倒入胡萝卜，煮半分钟。
3. 倒入黄豆芽，搅一会儿，继续煮半分钟。
4. 捞出焯煮好的胡萝卜和黄豆芽，沥干水分，装入盘中，待用。
5. 锅中注油烧热，倒入蒜末，爆香。
6. 倒入焯好的胡萝卜和黄豆芽，拌炒片刻。
7. 加入鸡粉、盐。
8. 翻炒匀，至食材入味。
9. 再倒入适量水淀粉。
10. 快速拌炒均匀，关火装盘即可。

喂养小贴士

挑选胡萝卜时要挑外表光滑、没有伤痕、颜色很亮堂的。

上汤冬瓜

材料：

冬瓜 300 克

金华火腿 20 克

瘦肉 30 克

水发香菇 3 克

清鸡汤 200 毫升

调料：

盐 2 克

鸡粉 3 克

水淀粉适量

做法：

1. 洗净去皮的冬瓜切块，再切片，装盘备用。
2. 洗好的瘦肉、火腿切丝。
3. 洗净的香菇去蒂，再切丝。
4. 把火腿丝放在冬瓜上，待用。
5. 蒸锅中注入适量清水烧开，放入冬瓜。
6. 盖上盖，用大火蒸 20 分钟至食材熟透，取出待用。
7. 锅置火上，倒入鸡汤，放入火腿、瘦肉、香菇。
8. 加入适量清水，略煮一会儿，撇去浮沫。
9. 放入盐、鸡粉，倒入水淀粉，拌匀。
10. 关火后盛出煮好的食材，浇在冬瓜上即可。

喂养小贴士

冬瓜含有蛋白质、胡萝卜素、粗纤维及多种维生素、矿物质。

牛肉炒冬瓜

材料：

牛肉 135 克，冬瓜 180 克，姜片、蒜末、葱段各少许

调料：

盐 3 克，鸡粉 2 克，料酒、生抽、水淀粉、食用油各适量

做法：

1. 将洗净去皮的冬瓜切成小片，牛肉切片。
2. 把牛肉片装在碗中，淋入少许生抽。
3. 再加入适量鸡粉、盐，倒入少许水淀粉，拌匀。
4. 再注入适量食用油，腌渍约 10 分钟至入味。
5. 热锅注油，烧至四成热，倒入牛肉片，滑油至变色后捞出，沥干待用。
6. 用油起锅，放入姜片、蒜末、葱段，爆香，倒入冬瓜片，翻炒匀。
7. 注入适量清水，快速翻炒片刻，至冬瓜熟软。
8. 放入滑过油的牛肉片，淋入适量料酒、生抽。
9. 再加入盐、鸡粉，炒匀，用少许水淀粉勾芡。
10. 翻炒至食材入味，关火装盘即成。

喂养小贴士

牛肉滑油时不可用大火，以免使肉质变老，影响菜肴的口感。

豌豆炒玉米

材料：

鲜玉米粒 200 克，胡萝卜 70 克，豌豆 180 克，姜片、蒜末、葱段各少许

调料：

盐 3 克，鸡粉 2 克，料酒 4 毫升，水淀粉、食用油各适量

做法：

1. 将洗净去皮的胡萝卜切片，再切成细条，改切成粒。
2. 锅中注入适量清水烧开，加入少许盐、食用油。
3. 放入胡萝卜粒，倒入洗净的豌豆、玉米粒，搅匀，再煮 1 分 30 秒。
4. 至食材断生后捞出，沥干水分，待用。
5. 用油起锅，放入姜片、蒜末、葱段，爆香。
6. 再倒入焯煮好的食材，翻炒匀。
7. 淋入少许料酒，炒香、炒透。
8. 加入鸡粉、盐，翻炒一会儿，至食材入味。
9. 倒入少许水淀粉勾芡。
10. 关火后盛出炒好的食材，装在盘中即成。

喂养小贴士

挑选玉米时要选那些颗粒看起来透明的，因为透明的玉米比较嫩、水分多。

金针菇海带虾仁汤

材料：

虾仁50克，金针菇30克，海带结40克，昆布高汤800毫升，姜丝适量

调料：

盐2克

喂养小贴士

海带的正常颜色是深褐色，经盐制或晒干后，具有自然的墨绿色或深绿色。

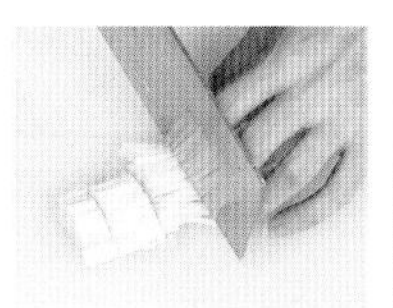

❶ 洗净的金针菇切去根部，切段待用。

❷ 高汤倒入汤锅中大火煮开，转小火蓄热。

❸ 备焖烧罐，放入海带结、虾仁。

❹ 注入开水至八分满。

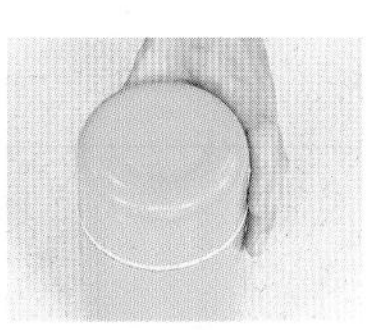

❺ 盖上盖子，摇晃片刻，预热1分钟。

❻ 揭开盖，沥水，放入金针菇。

❼ 加入适量姜丝，将煮沸的高汤倒入至七分满。

❽ 盖上盖，摇晃片刻，焖1小时。

❾ 待时间到揭开盖，加入盐，搅拌片刻。

❿ 将焖好的汤盛出装入碗中即可。

冬瓜虾仁汤

材料：

去皮冬瓜 200 克，虾仁 200 克，姜片 4 克

调料：

盐 2 克，料酒 4 毫升，食用油适量

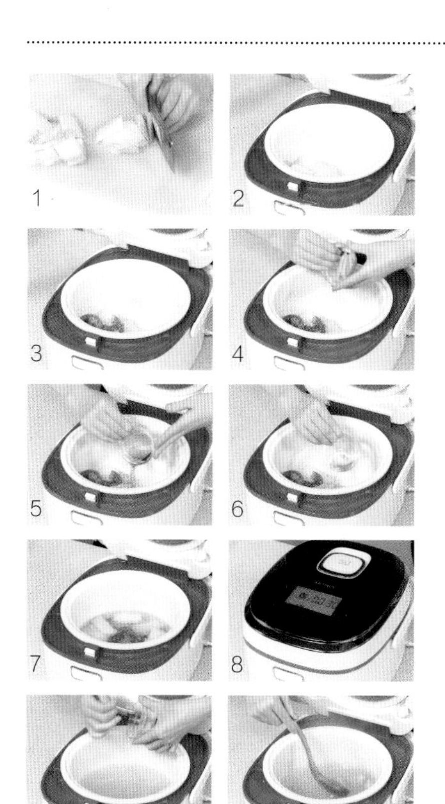

做法：

1. 洗净的冬瓜切片。
2. 取出电饭锅，打开盖子，通电后倒入切好的冬瓜。
3. 倒入洗净的虾仁。
4. 放入姜片。
5. 倒入料酒。
6. 淋入食用油。
7. 加入适量清水至没过食材，搅拌均匀。
8. 盖上盖子，按下“功能”键，调至“靓汤”状态，煮 30 分钟至食材熟软。
9. 按下“取消”键，打开盖子，加入盐。
10. 搅匀调味，断电盛汤装碗即可。

喂养小贴士

生姜应挑本色淡黄的颜色，正常生姜外表粗糙，较干。

玉米虾仁汤

材料：

西红柿 70 克

西蓝花 65 克

虾仁 60 克

鲜玉米粒 50 克

高汤 200 毫升

调料：

盐 2 克

做法：

1. 将洗净的西红柿、玉米粒切碎，剁成末。
2. 洗净的虾仁挑去虾线，再剁成末。
3. 洗好的西蓝花切成小朵，剁成末。
4. 锅中注入适量清水烧开，倒入高汤。
5. 搅拌一下，倒入切好的西红柿。
6. 放入玉米碎，搅拌均匀。
7. 盖上盖子，煮沸后用小火煮约 3 分钟。
8. 放入切好的西蓝花搅拌匀，再用大火煮沸。
9. 加入少许盐，拌匀调味，下入虾肉末。
10. 拌匀，用中小火续煮片刻，至全部食材熟透即可装碗。

喂养小贴士

幼儿食用西蓝花，有促进身体发育、补钙等作用。

虾仁苋菜汤

材料：

苋菜200克，肉末70克，虾仁65克，枸杞15克

调料：

盐、鸡粉各2克，水淀粉7毫升，食用油适量

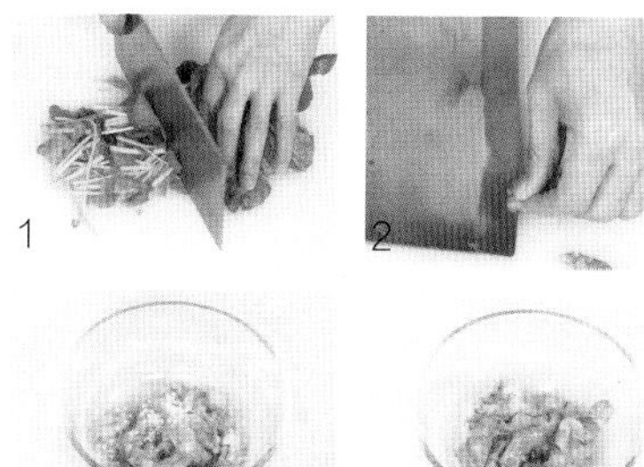

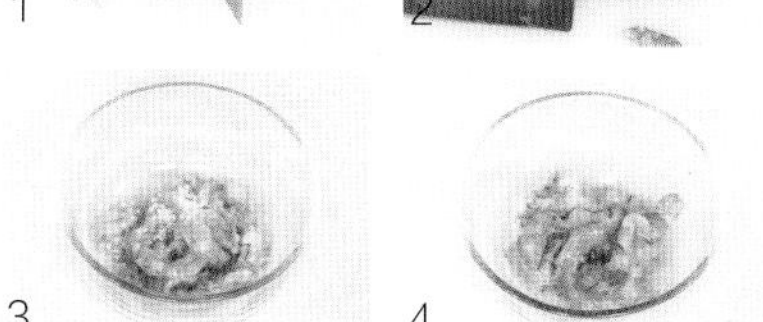

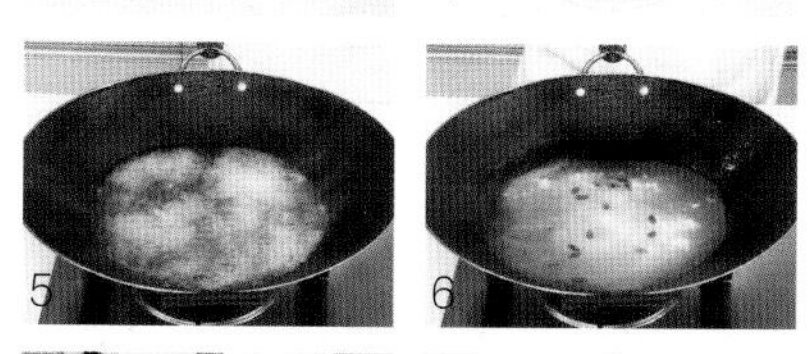

做法：

1. 将洗净的苋菜切成小段。
2. 洗好的虾仁由背部切开，去除虾线。
3. 把处理好的虾仁装入碗中，加入少许盐、鸡粉。
4. 再淋入适量水淀粉，拌匀上浆，腌渍一会儿，至其入味。
5. 锅中注入适量清水烧开，倒入适量食用油，加入少许盐、鸡粉。
6. 放入洗净的枸杞，再倒入肉末，搅匀。
7. 放入腌渍好的虾仁，用大火煮沸，至虾身弯曲。
8. 倒入切好的苋菜，搅拌几下。
9. 略煮一会儿，至全部食材熟软、入味。
10. 关火后盛出煮好的汤料，装入汤碗中即成。

喂养小贴士

锅中放入虾仁后最好搅拌几下，这样虾仁更易入味。

牛肉萝卜汤

材料：

牛肉40克，大葱30克，白萝卜150克

调料：

盐2克

喂养小贴士

白萝卜须是直直的，大多情况下是新鲜的；反之，如果白萝卜根须部杂乱无章、分叉多，那么就有可能是糠心白萝卜。

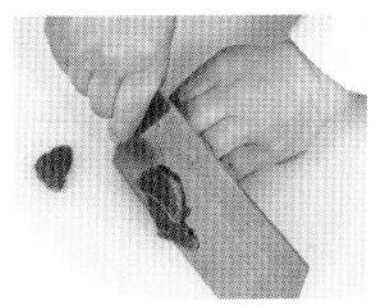

❶ 将洗净去皮的白萝卜和牛肉切成片。

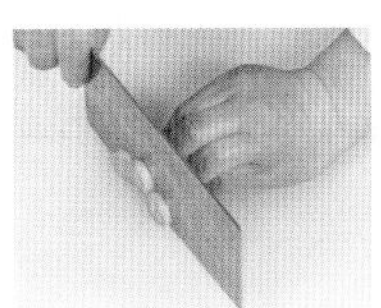

❷ 洗好的大葱切成葱圈。

❸ 锅中注入适量清水，大火烧开。

❹ 倒入牛肉片，汆煮去杂质。

❺ 把牛肉片捞出，沥干水分，待用。

❻ 另起锅，注入适量清水，大火烧开。

❼ 倒入牛肉片、白萝卜片，拌匀。

❽ 大火煮10分钟至食材熟。

❾ 倒入大葱圈，再放入盐。

❿ 搅拌片刻，煮至食材入味即可装碗食用。

鸡肉包菜汤

喂养小贴士

包菜含有维生素C、维生素B_6、叶酸、钾等营养成分，具有补骨髓、清热止痛、强壮筋骨等功效。

材料：

鸡胸肉150克，包菜60克，胡萝卜75克，高汤1000毫升，豌豆40克

调料：

水淀粉适量

❶ 锅置火上，注水烧热，放入鸡胸肉煮10分钟。

❷ 捞出鸡胸肉，沥干水分，放凉待用。

❸ 将放凉的鸡肉切片，改切成粒。

❹ 洗好的豌豆切开，再切碎。

❺ 洗净的胡萝卜切薄片，再切条形，改切成粒。

❻ 洗净的包菜切开，切碎，备用。

❼ 锅中注入适量清水烧开，倒入高汤。

❽ 放入鸡肉，拌匀，大火煮至沸。

❾ 倒入豌豆、胡萝卜、包菜，中火煮约5分钟。

❿ 倒入适量水淀粉，搅匀，至汤汁浓稠即可。

虾仁萝卜丝汤

材料：

虾仁 50 克

白萝卜 200 克

红椒丝、姜丝、葱花各少许

调料：

盐 3 克

鸡粉 3 克

料酒、胡椒粉、水淀粉、

食用油各适量

做法：

1. 将去皮洗净的白萝卜切片，改切成丝。
2. 洗好的虾仁由背部切开，去除虾线。
3. 把虾仁装入碗中，加少许鸡粉、盐、水淀粉，抓匀。
4. 注入适量食用油，腌渍 10 分钟至入味。
5. 用油起锅，下入姜丝，爆香。
6. 倒入虾仁翻炒至转色，淋入少许料酒，炒香。
7. 倒入白萝卜丝，翻炒均匀。
8. 注入适量清水，加入盐、鸡粉，搅拌匀。
9. 盖上盖，烧开后用中火煮 5 分钟，揭盖，放红椒丝和葱花。
10. 撒上少许胡椒粉，搅拌均匀片刻，即可装碗。

喂养小贴士

新鲜的白萝卜颜色看起来非常嫩白，色泽光亮，宜选购。

鸡肉蔬菜香菇汤

材料：

鸡肉 20 克　　胡萝卜 30 克
魔芋 50 克　　香菇 20 克
油豆腐 20 克　　葱段 8 克
白萝卜 50 克　　高汤适量

调料：

盐 1 克
五香粉 3 克
生抽 5 毫升
芝麻油适量

做法：

1. 洗净的鸡肉、魔芋切丁。
2. 胡萝卜、白萝卜、油豆腐对半切开，切片。
3. 洗净的香菇切十字刀成四块。
4. 洗好的葱段切成粒。
5. 热锅中加芝麻油烧热，放鸡肉丁稍炒数下。
6. 依次倒入切好的魔芋、白萝卜片、胡萝卜片，炒匀。
7. 倒入切好的葱粒，翻炒约 2 分钟至食材变软。
8. 倒入高汤搅匀，放入切好的油豆腐、香菇。
9. 搅匀，煮约 2 分钟至食材熟软，加入盐、生抽。
10. 搅匀调味，关火装碗，撒上五香粉即可。

喂养小贴士

鸡肉具有温中补气、强筋壮骨、提高人体免疫力等作用。

海带牛肉汤

材料：

牛肉150克，水发海带丝100克，姜片、葱段各少许

调料：

鸡粉2克，胡椒粉1克，生抽4毫升，料酒6毫升

做法：

❶ 将洗净的牛肉切条形，再切丁，备用。
❷ 锅中注入适量清水烧开，倒入牛肉丁，搅匀。
❸ 淋入少许料酒，拌匀，汆去血水。
❹ 再捞出牛肉，沥干水分，待用。
❺ 高压锅中注入适量清水烧热，倒入牛肉丁。
❻ 撒上备好的姜片、葱段，淋入少许料酒。
❼ 盖好盖，拧紧，用中火煮约30分钟至熟。
❽ 拧开盖子，倒入洗净的海带丝，转大火略煮一会儿。
❾ 加入少许生抽、鸡粉，撒上适量胡椒粉，拌匀调味。
❿ 关火后盛出煮好的汤料，装入碗中即成。

喂养小贴士

拧开高压锅盖前要先将锅中的蒸汽释放出来，否则易发生危险。

白菜金针菇牛奶浓汤

材料：

金针菇 40 克， 白菜叶 50 克， 牛奶 180 毫升，大酱 40 克

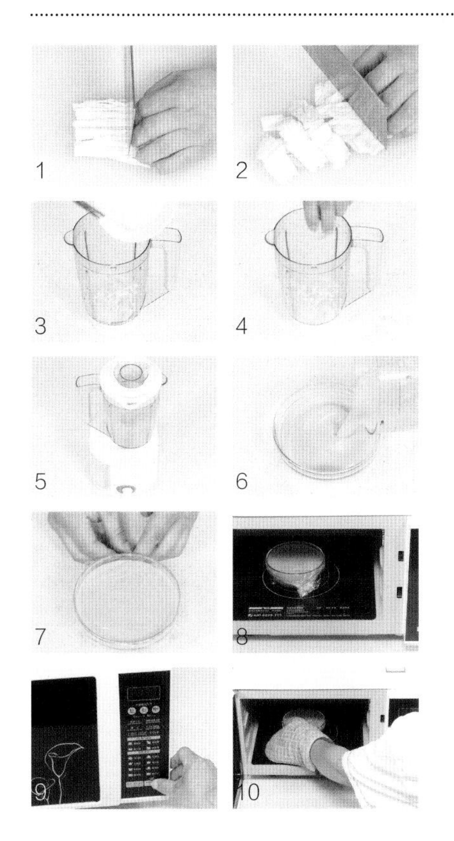

做法：

❶ 洗净的金针菇拦腰切开。

❷ 处理干净的白菜从中间切开，切小块。

❸ 备好榨汁机，将白菜、金针菇倒入榨汁杯。

❹ 加入备好的牛奶、大酱。

❺ 盖上盖，榨汁杯安装上底座，启动机子将其榨汁。

❻ 待榨好取下榨汁杯，揭开盖，将其倒入碗中。

❼ 用保鲜膜将杯盖住，待用。

❽ 备好微波炉，打开炉门，将蔬菜汤放入。

❾ 关上炉门，定时 1 分钟，按下“开始”键启动。

❿ 待时间到将蔬菜汤取出，揭去保鲜膜即可。

喂养小贴士

优质的金针菇是淡黄色至黄褐色，菌盖中央较边缘稍深，菌柄上浅下深，色泽白嫩。

白菜冬瓜汤

材料：

大白菜180克，冬瓜200克，枸杞8克，姜片、葱花各少许

调料：

盐2克，鸡粉2克，食用油适量

做法：

1. 将洗净去皮的冬瓜切成片。
2. 洗好的大白菜切成小块。
3. 用油起锅，放入少许姜片，爆香。
4. 倒入冬瓜片，翻炒匀。
5. 放入切好的大白菜，炒匀。
6. 倒入适量清水，放入洗净的枸杞。
7. 盖上盖，烧开后用小火煮5分钟，至食材熟透。
8. 揭盖，加入适量盐、鸡粉。
9. 用锅勺搅匀调味。
10. 将煮好的汤料盛出，装入碗中，撒上葱花即成。

喂养小贴士

抓一把枸杞，摸一下，不粘手，而且没有明显的结块的，就是比较好的枸杞。

鱼肉玉米糊

材料：

草鱼肉 70 克，玉米粒 60 克，水发大米 80 克，圣女果 75 克

调料：

盐少许，食用油适量

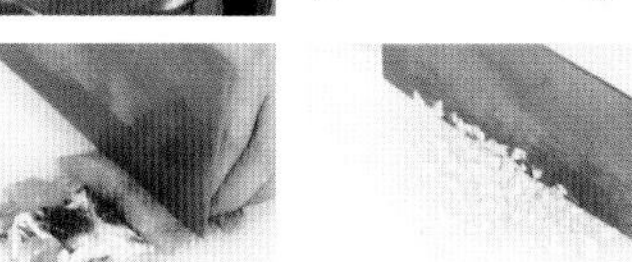

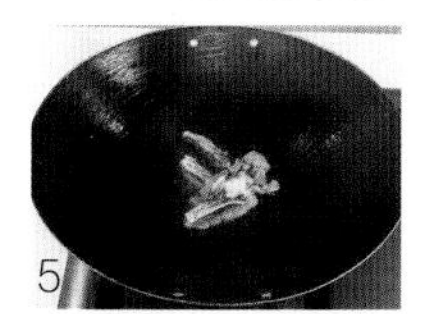

做法：

1. 汤锅中注入适量清水烧开，放入洗好的圣女果，烫煮半分钟。
2. 把圣女果捞出，去皮，切成小块，再切成粒，剁碎。
3. 洗净的草鱼肉切成小块。
4. 洗好的玉米粒切碎。
5. 用油起锅，倒入鱼肉，煸炒出香味。
6. 倒入适量清水，盖上盖，用小火煮 5 分钟至熟。
7. 揭盖，用锅勺将鱼肉压碎，把鱼汤滤入汤锅中。
8. 放入大米、玉米碎，拌匀。
9. 盖上盖，用小火煮 30 分钟至食材熟烂。
10. 揭盖，放入圣女果，放盐，煮沸即可盛碗。

喂养小贴士

玉米对人的视力十分有益，适合脾胃气虚、气血不足、营养不良的老人或幼儿食用。

虾仁豆腐羹

材料：

豆腐 200 克

虾仁 50 克

鸡蛋 50 克

水发香菇 15 克

葱花 2 克

干淀粉 8 克

料酒 8 毫升

调料：

盐 2 克

芝麻油、胡椒粉各适量

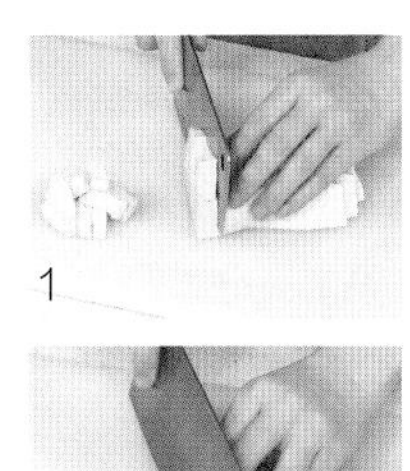
1

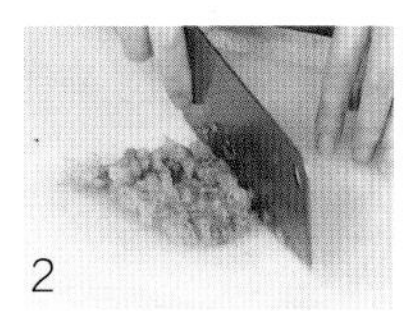
2

3

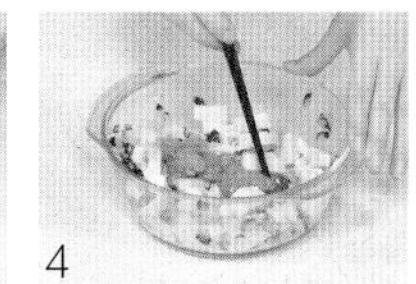
4

5

6

7

8

9

10

做法：

1. 备好的豆腐洗净切成条，再切小块。
2. 虾仁从背上切开剔去虾线，切碎剁泥。
3. 泡发好的香菇切成丝，再切碎。
4. 备好一个大碗，倒入豆腐、香菇、虾泥，搅拌豆腐至碎。
5. 鸡蛋敲入碗中，搅拌均匀。
6. 再放入料酒、胡椒粉、盐，搅拌片刻至入味。
7. 倒入干淀粉，快速搅拌均匀，倒入盘中铺平。
8. 电蒸锅注水烧开，放入豆腐羹。
9. 盖上盖，调转旋钮定时 10 分钟。
10. 10 分钟后掀盖取出，淋上芝麻油，撒上葱花即可。

喂养小贴士

把蛋放在手掌心上翻转，良质鲜蛋的蛋壳会比较粗糙，重量适当。

牛肉羹

材料：

牛肉 150 克

韭黄 40 克

菜心 50 克

调料：

盐 2 克

鸡粉 3 克

水淀粉、芝麻油、料酒各适量

做法：

1. 洗好的菜心切碎。
2. 洗净的韭黄切成小段，备用。
3. 洗好的牛肉切片，再切丝，改切成末，备用。
4. 锅中注入适量清水烧开，倒入牛肉末，淋入料酒。
5. 用小火煮 5 分钟，撇去浮沫。
6. 放入切好的菜心、韭黄，拌匀。
7. 加入盐、鸡粉，拌匀调味。
8. 用水淀粉勾芡。
9. 倒入芝麻油，拌匀。
10. 关火后盛出煮好的牛肉羹，装入碗中即可。

喂养小贴士

煮牛肉时的浮沫要去除，以免影响口感。

杯子肉末蒸蛋

材料：

鸡蛋 2 个

猪肉末 50 克

葱花 3 克

调料：

盐、鸡粉各 2 克

生抽 5 毫升

料酒、食用油各 3 毫升

做法：

1. 鸡蛋打入碗中。
2. 放入猪肉末。
3. 加入盐、鸡粉、料酒、生抽、食用油。
4. 搅拌均匀。
5. 注入 50 毫升温开水，搅匀。
6. 将搅匀的食材倒入杯中。
7. 封上保鲜膜，待用。
8. 电蒸锅注水烧开，放入食材。
9. 加盖，蒸 10 分钟至熟。
10. 揭盖，取出蒸好的食材，撕开保鲜膜，撒上葱花即可。

喂养小贴士

把鸡蛋浸在冷水里，如果它平躺在水里，说明很新鲜。

肉末紫菜青豆粥

材料：

水发紫菜 50 克

瘦肉 70 克

青豆 80 克

水发大米 150 克

葱花少许

调料：

盐 3 克

鸡粉 2 克

芝麻油 3 毫升

做法：

1. 把洗净的瘦肉切碎，剁成肉末。
2. 将肉末装入碟中，待用。
3. 砂锅中注入适量清水烧开，倒入洗净的大米，拌匀。
4. 盖上盖，用小火煮 30 分钟至大米熟软。
5. 揭盖，倒入洗净的青豆、紫菜、肉末，搅拌匀。
6. 盖上盖，用小火煮 10 分钟至食材熟透。
7. 揭盖，放入适量盐、鸡粉，拌匀。
8. 淋入适量芝麻油。
9. 用锅勺搅拌均匀。
10. 把煮好的粥盛出，装入汤碗中，撒上葱花即可。

喂养小贴士

青豆所含的铁易于吸收，可以作为儿童补充铁的食物之一。

花菜香菇粥

材料：

西蓝花 100 克，花菜 80 克，胡萝卜 80 克，大米 200 克，香菇、葱花各少许

调料：

盐 2 克

喂养小贴士

香菇含有蛋白质、B 族维生素、叶酸、膳食纤维、铁、钾等营养成分，具有增强免疫力、保护肝脏、降血压等功效。

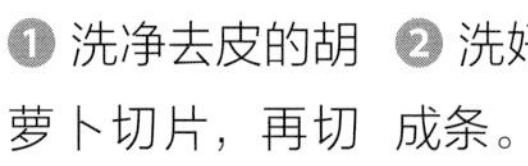

❶ 洗净去皮的胡萝卜切片，再切条，改切成丁。

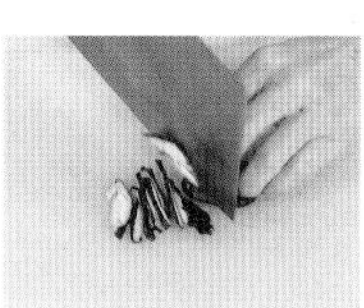

❷ 洗好的香菇切成条。

❸ 洗净的花菜去除菜梗，再切成小朵。

❹ 洗好的西蓝花去除菜梗，再切成小朵，备用。

❺ 砂锅中注入适量清水烧开，倒入洗好的大米。

❻ 盖上盖，用大火煮开后转小火煮 40 分钟。

❼ 揭盖，倒入香菇、胡萝卜、花菜、西蓝花搅匀。

❽ 再盖上盖，续煮 15 分钟至食材熟透。

❾ 揭盖，放入少许盐，拌匀调味。

❿ 关火后盛出煮好的粥，装碗，撒上葱花即可。

西红柿花菜粥

喂养小贴士

挑选外形圆润的西红柿，手捏起来皮薄有弹力，摸上去结实不松软的是好西红柿。

材料：

西红柿130克，花菜150克，水发大米170克，葱花少许

调料：

盐3克，鸡粉2克，芝麻油2毫升，食用油适量

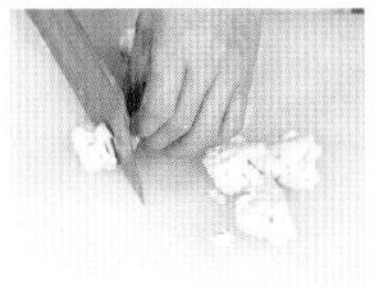

❶ 把洗净的花菜切成小朵。

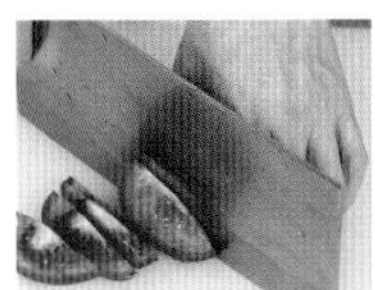

❷ 洗净的西红柿对半切开，再切成小瓣。

❸ 砂锅中注入约800毫升清水，烧开。

❹ 倒入洗净的大米，搅拌均匀。

❺ 再倒入少许食用油。

❻ 加盖，大火煮开后转小火煮30分钟左右。

❼ 揭开盖，倒入切好的花菜，拌煮片刻。

❽ 再倒入切好的西红柿，搅匀。

❾ 盖好盖子，用小火续煮约10分钟至熟。

❿ 揭盖，加适量盐、鸡粉、芝麻油，拌匀即可。

虾仁西蓝花碎米粥

材料：

虾仁 40 克，西蓝花 70 克，胡萝卜 45 克，大米 65 克

调料：

盐少许

做法：

1. 胡萝卜洗净切片。
2. 用牙签将虾线挑去，然后剁成虾泥。
3. 烧开水的锅中放入胡萝卜，煮 1 分钟，放入洗净的西蓝花，煮半分钟至断生。
4. 捞出胡萝卜和西蓝花，沥干。
5. 把西蓝花和胡萝卜切碎剁成末。
6. 用榨汁机将大米磨成米碎，装碗待用。
7. 汤锅中注入适量清水，大火烧热，倒入米碎。
8. 持续搅拌 1 分钟，煮成米糊。
9. 加入虾肉，拌煮一会，倒入胡萝卜，拌匀。
10. 再放入西蓝花拌匀煮沸，放入适量盐，快速拌匀，调味即可。

喂养小贴士

烹饪西蓝花前，放入盐水里浸泡几分钟，可去除残留的农药。

牛肉菠菜粥

材料：

水发大米 85 克，牛肉 50 克，菠菜叶 40 克

做法：

1. 洗净的牛肉切碎。
2. 锅中注入适量清水烧开，倒入洗净的菠菜叶，焯煮片刻。
3. 关火后捞出焯煮好的菠菜叶，沥干水分，装入碗中。
4. 将菠菜叶切碎，待用。
5. 取榨汁机，注入适量清水，放入水发大米、菠菜碎。
6. 盖上盖子，榨约半分钟，断电后取下机身待用。
7. 砂锅置于火上，放入牛肉碎，炒匀。
8. 倒入大米菠菜汁。
9. 煮约 30 分钟至粥黏稠。
10. 关火后盛出煮好的粥，装入碗中即可。

喂养小贴士

米的硬度越强，蛋白质含量越高，透明度也越好。

鳕鱼鸡蛋粥

材料：

鳕鱼肉 160 克

土豆 80 克

上海青 35 克

水发大米 100 克

熟蛋黄 20 克

做法：

❶ 蒸锅上火烧开，放入洗好的鳕鱼肉、土豆。

❷ 加盖，中火蒸约 15 分钟至其熟软，取出放凉。

❸ 洗净的上海青切去根部，切成粒。

❹ 熟蛋黄压碎。

❺ 将放凉的鳕鱼肉碾碎，去除鱼皮、鱼刺，把放凉的土豆压成泥，备用。

❻ 砂锅中注入适量清水烧热，倒入大米，搅匀。

❼ 加盖，烧开后用小火煮 20 分钟至大米熟软。

❽ 揭盖，倒入鳕鱼肉、土豆、蛋黄、上海青，搅拌均匀。

❾ 再盖上盖，用小火续煮约 20 分钟至所有食材熟透。

❿ 揭盖搅拌几下，至粥浓稠即可。

喂养小贴士

鸡蛋黄中的卵磷脂、甘油三酯、胆固醇和卵黄素，对神经系统和身体发育有良好作用。

香菇包菜鸡肉粥

材料：

鲜香菇 60 克

包菜 80 克

鸡胸肉 150 克

水发大米 100 克

姜丝、葱花各少许

调料：

盐、鸡粉各 3 克

生粉 2 克

胡椒粉 1 克

食用油适量

做法：

1. 洗净的包菜、香菇切成丝。
2. 洗净的鸡胸肉切片。
3. 把鸡肉片装入碗中，放入盐、鸡粉、生粉、姜丝，拌匀。
4. 淋入少许食用油，搅拌均匀，腌渍 10 分钟至其入味，备用。
5. 砂锅中注入适量清水烧开，倒入洗好的大米。
6. 盖上盖，用小火煮 30 分钟。
7. 揭盖，放入香菇、鸡肉片，拌匀，用小火续煮 15 分钟。
8. 倒入盐、鸡粉，拌匀调味。
9. 放入包菜，拌匀，煮约 2 分钟。
10. 加入胡椒粉、葱花，拌匀，关火即可装碗。

喂养小贴士

如果购买已切开的包菜，要注意切口必须新鲜，叶片紧密，握在手上的感觉十分沉重。

牛肉南瓜粥

材料：

水发大米 90 克，去皮南瓜 85 克，牛肉 45 克

做法：

1. 蒸锅上火烧开，放入洗好的南瓜、牛肉。
2. 盖上盖，用中火蒸约 15 分钟至其熟软。
3. 揭盖，取出蒸好的材料，放凉待用。
4. 将放凉的牛肉切片，改切成粒。
5. 把放凉的南瓜切片，再切条形，改切成粒状，剁碎，备用。
6. 砂锅中注入适量清水烧开，倒入洗好的大米，搅拌匀。
7. 盖上盖，烧开后用小火煮约 10 分钟。
8. 揭开盖，倒入备好的牛肉、南瓜，拌匀。
9. 加盖，用中小火煮约 20 分钟至食材熟透。
10. 揭盖，搅拌几下，至粥浓稠即可。

喂养小贴士

牛肉具有补中益气、滋养脾胃、强健筋骨、增强免疫力等功效。

鸡肉木耳粥

材料：

鸡胸肉 30 克，水发木耳 20 克，软饭 180 克

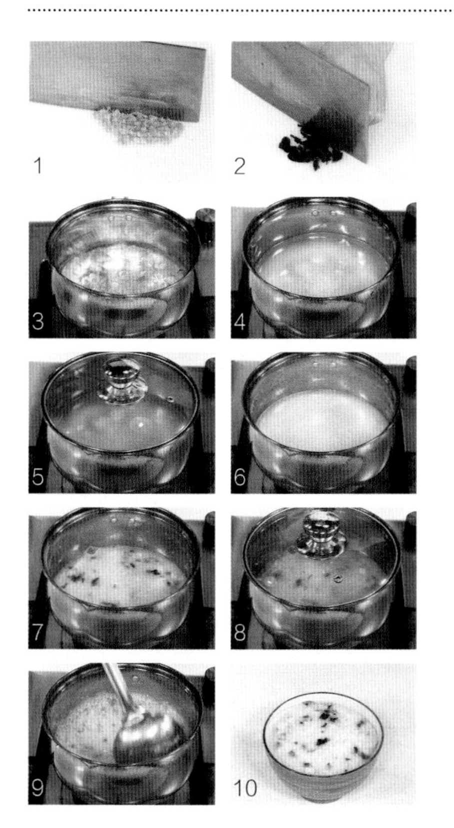

做法：

1. 将洗净的鸡胸肉切碎，剁成肉末。
2. 把洗好的木耳切碎。
3. 锅中加入适量清水，用大火烧热。
4. 倒入适量软饭，拌匀。
5. 盖上盖，用小火煮 20 分钟至软饭煮烂。
6. 揭盖，倒入鸡肉末，搅拌匀。
7. 再放入木耳，拌匀。
8. 盖上盖，用小火煮 5 分钟至食材熟透。
9. 揭盖，用锅勺搅拌均匀，煮沸。
10. 将煮好的粥盛出，装入碗中即可。

喂养小贴士

在选择木耳的时候，首先用手掂一掂，同样大小的黑木耳质量较轻的为优质。

小白菜洋葱牛肉粥

材料：

小白菜55克，洋葱60克，牛肉45克，水发大米85克，姜片、葱花各少许

调料：

盐2克，鸡粉2克

喂养小贴士

选购时，应选择表皮越干越好的洋葱，包卷度愈紧密愈好。透明表皮中带有茶色的纹理，宜选购。

❶ 洗好的白菜切段，洋葱切小块。

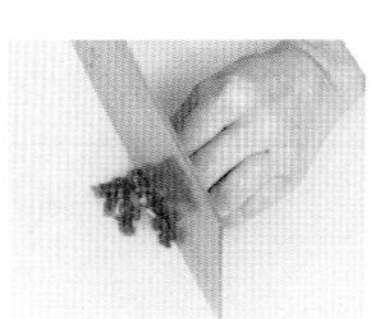

❷ 处理干净的牛肉切成丁，用刀轻轻剁几下。

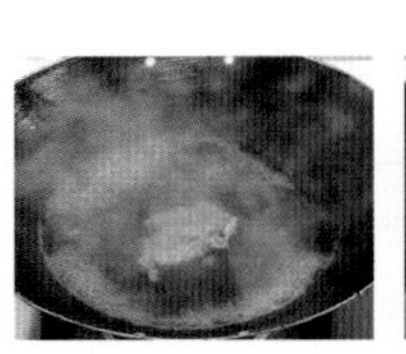

❸ 锅中注入适量清水烧开，倒入牛肉，搅拌匀。

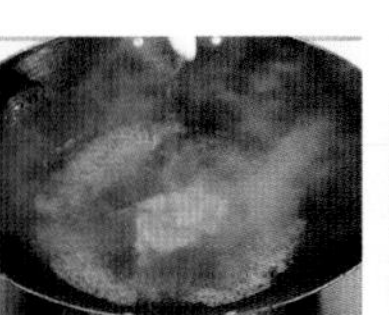

❹ 淋料酒，搅拌匀，煮至变色，捞出沥干待用。

❺ 砂锅中注入清水烧开，倒入牛肉、大米。

❻ 再撒上姜片，加盖烧开后用小火煮约20分钟。

❼ 揭开锅盖，倒入备好的洋葱。

❽ 盖上盖子，再续煮片刻，煮出香味。

❾ 揭开锅盖，倒入小白菜，搅拌均匀。

❿ 加入适量盐、鸡粉，搅匀调味即可装碗。

鳕鱼海苔粥

材料：

水发大米 100 克，海苔 10 克，鳕鱼 50 克

喂养小贴士

真正的鳕鱼有一个最重要的外观特点，就是“有胡子”。还有鱼身中间有一条明显的线。

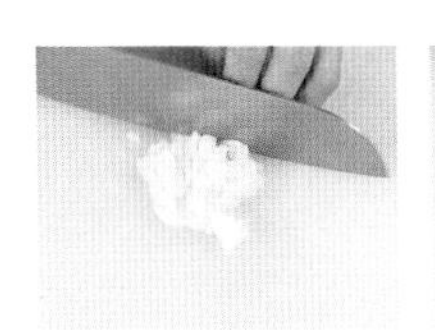

❶ 将洗净的鳕鱼切碎。

❷ 海苔切碎。

❸ 取出榨汁机，将泡好的大米放入干磨杯中。

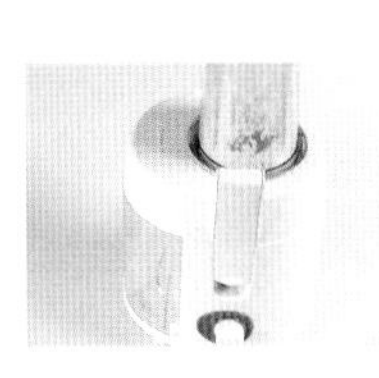

❹ 启动榨汁机，磨约 1 分钟至大米粉碎。

❺ 取出榨汁机，将米碎倒入盘中待用。

❻ 砂锅置火上，倒入米碎。

❼ 注入适量清水，搅匀。

❽ 倒入切碎的鳕鱼，搅匀。

❾ 加盖，用大火煮开后转小火煮 30 分钟至熟软。

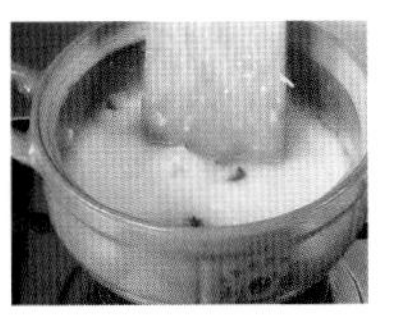

❿ 揭盖，放入切好的海苔，搅匀即可装碗。

Chapter 3　3~6岁：让“小大人”长高的营养食谱

小小娃娃正在一天天变化，今天好像又比昨天高了一点呢。每天都给宝宝准备营养均衡的菜肴，配合亲子间暖暖的互动，让小小的娃娃更加健康、长得高高。

3~6 岁饮食要点与进餐教养

这个阶段的宝宝，已经是个小大人啦。学龄前的小娃娃身体和智力在飞速发展，爸爸妈妈一定要注意宝宝日常饮食的营养均衡，让宝宝健康成长每一天！

3～6岁 宝宝的饮食要点

宝宝胎儿时期大脑发育所需的营养主要通过母体获得，之后宝宝大脑神经系统主要从各种食物中获得养分，而学龄前是宝宝智力快速发展的重要阶段。

这个时期宝宝饮食营养健康均衡显得尤为重要。营养的需求包括能量、蛋白质、脂肪、碳水化合物，及各种维生素和矿物质等，尽量遵循米面搭配、干湿搭配、粗细搭配、甜咸搭配、动物性食品与植物性食品搭配等原则，一方面满足宝宝对各种营养的需要，另一方面培养宝宝对食物的兴趣。同时，宝宝的饮食可逐步向成人发展，但是食物还需以柔软易消化为主。

鱼类含有 DHA，对人脑发育及智能发展有极大的帮助；动物内脏、蘑菇、豆制品等也对孩子的智力发展有一定影响，可适当补充；而牛奶可促进骨骼生长，菠菜、柑橘等可以给宝宝提供丰富的维生素，促进其身体健康发展。这些也是必不可少的。

给宝宝准备的食物尽量是绿色无污染的，宝宝才能更健康哦。

3～6岁 宝宝进餐教养培养

这个时间段的宝宝，已经会熟练使用餐具，家长可以在餐桌上给宝宝留一个位置，让宝宝认识到自己是家庭中的一员，跟大家都是平等的。

用餐要定时定点，不能到了餐点不好好吃饭，饿了就找零食吃。早餐一定要吃，这关乎宝宝一上午的营养补给，不能马虎，一定要营养健康。

用餐时不可看电视或玩玩具，这样会分散宝宝的注意力，养成注意力不集中的坏习惯，同时感受不到妈妈为全家人准备饭菜的辛苦，也体会不到饭菜的美味。

餐桌上不可对孩子说教，自古有“饮食不责”之说，如果宝宝犯了错，也要等宝宝用完餐之后，耐心劝导其认识错误，不然容易导致孩子脾胃虚弱、厌恶用餐。

父母是孩子最好的老师，宝宝最初的一些行为习惯都是从父母那里学习得来的，比如餐桌上不大声喧哗、咳嗽打喷嚏时转身捂口鼻、夹不到菜的时候将餐具递给别人请求帮忙等，父母以身作则，会让宝宝养成良好的用餐习惯。

营养主食

猪肉白菜炖粉条

喂养小贴士

白菜含有蛋白质、膳食纤维、尼克酸、胡萝卜素、视黄醇等成分，具有生津止渴、增强免疫力、加速代谢等功效。

材料：

五花肉100克，大白菜250克，水发红薯粉条70克，姜片、葱段各少许

调料：

盐、鸡粉、白胡椒粉各3克，食用油适量

❶ 洗净的五花肉去皮，对半切开，改切成片。

❷ 洗净的大白菜切成三段，改切成条，待用。

❸ 热锅注油烧热，倒入五花肉，炒至转色。

❹ 倒入葱段、姜片，爆香。

❺ 倒入大白菜，炒拌片刻。

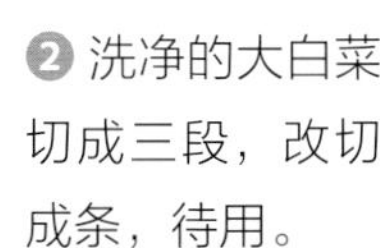
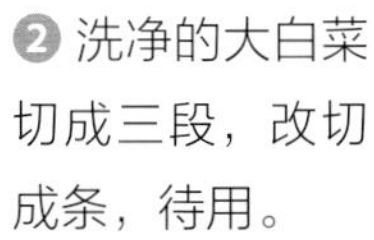

❻ 注入400毫升的清水，煮至沸腾。

❼ 加入泡发好的粉条，拌匀。

❽ 加盐，充分搅拌均匀。

❾ 加盖，大火煮开后转小火炖5分钟。

❿ 揭盖，加鸡粉、白胡椒粉，拌匀至入味即可。

菠菜肉末面

材料：

面条 85 克

肉末 55 克

胡萝卜 50 克

菠菜 45 克

调料：

盐少许

食用油 2 毫升

做法：

1. 将洗好的菠菜切成颗粒状。
2. 去皮洗净的胡萝卜切片，改切成细丝，切成粒。
3. 汤锅中注入适量清水烧开，倒入胡萝卜粒。
4. 加入少许盐，注入食用油，拌匀。
5. 盖上盖子，小火煮约 3 分钟至胡萝卜断生。
6. 揭开盖，放入肉末，拌匀、搅散。
7. 煮至汤汁沸腾，下入备好的面条，拌匀，使面条散开。
8. 盖好盖子，小火煮约 5 分钟至面条熟透。
9. 取下盖子，倒入菠菜末，拌匀，续煮片刻至断生。
10. 关火后盛出煮好的面条，放在小碗中即成。

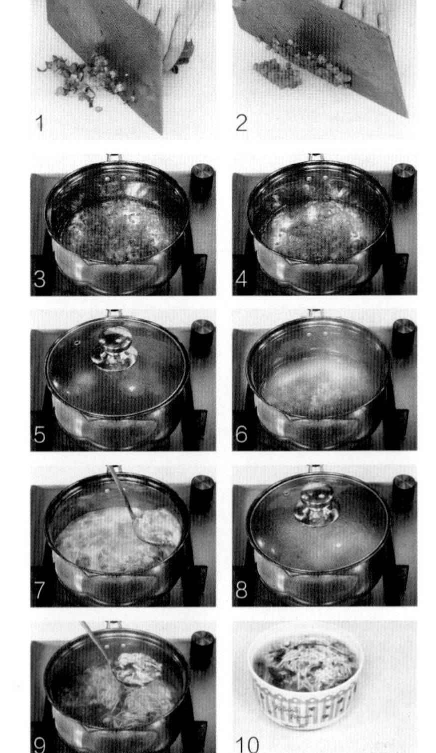

喂养小贴士

胡萝卜人称“小人参”，常吃可提高免疫力，还可明目哦。

乌冬面糊

材料：

乌冬面 240 克

生菜叶 30 克

调料：

盐少许

鸡粉 2 克

食用油适量

做法：

1. 洗好的生菜切成碎末，备用。
2. 锅中注入适量清水烧开，加入少许食用油、盐。
3. 倒入乌冬面，搅散，用大火煮至熟软。
4. 捞出乌冬面，沥干水分。
5. 将乌冬面置于砧板上，切段，剁成末，备用。
6. 锅中注入适量清水烧开，加入少许盐、鸡粉、食用油。
7. 倒入乌冬面，快速搅散。
8. 盖上锅盖，烧开后用中火煮约 5 分钟至其呈糊状。
9. 揭开锅盖，倒入生菜叶，搅匀，煮至熟软。
10. 关火后盛出煮好的面糊即可。

喂养小贴士

生菜含有钙、铁、铜等矿物质，其中钙是骨骼和牙齿发育的主要物质，还可预防佝偻病。

三鲜汤面

材料：

挂面70克，火腿肠60克，黄瓜、水发香菇、瘦肉各50克，葱花少许，上汤200毫升

调料：

盐2克，生抽4毫升，鸡粉3克，水淀粉2毫升，料酒、食用油各适量

做法：

❶ 洗净的黄瓜切片，香菇切成丝，备用。
❷ 火腿肠去掉外包装切成片，瘦肉洗净切片。
❸ 在放肉片的碗中加入盐、鸡粉与水淀粉，拌匀。
❹ 加入少许食用油，腌渍10分钟。
❺ 锅中注水烧开，放入挂面，搅拌。
❻ 加入食用油、5克盐，搅散，煮25分钟至熟，捞出备用。
❼ 用油起锅，放入香菇、肉丝，翻炒至转色。
❽ 淋入料酒，加火腿肠和黄瓜，炒匀。
❾ 加入上汤和少许清水。
❿ 加入生抽、盐、鸡粉拌匀，煮沸，盛入面条中，撒上葱花即可。

喂养小贴士

好的或新鲜的瘦肉，肉色泽均匀，外表微干或微湿润。

西红柿素面

材料：

西红柿 80 克，素鸡 90 克，豆泡 40 克，小白菜 80 克，面条 200 克

调料：

盐 2 克，鸡粉 2 克，料酒 3 毫升，食用油适量

1

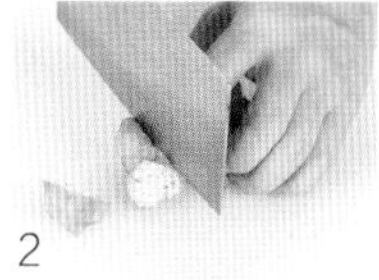
2

3

4

5

6

7

8

9

10

做法：

1. 洗好的小白菜切成段。
2. 洗好的豆泡切成小块，待用。
3. 洗净的素鸡切厚片，切条。
4. 洗净的西红柿切片，再切条，切丁。
5. 锅中注水烧开，放入面条，汆煮至断生。
6. 再加入素鸡、豆泡、小白菜，煮 2 分钟，捞出沥干。
7. 热锅注油烧热，放入西红柿，炒软。
8. 淋入料酒，加入适量的清水，搅匀煮沸。
9. 倒入汆好的食材，快速搅拌匀，放入盐、鸡粉，搅匀至入味。
10. 关火后将煮好的面盛出，装入碗中即可。

喂养小贴士

西红柿要选购肥硕均匀、蒂小、颜色鲜红、硬度适宜、无伤裂畸形者。

西红柿碎面条

材料：

西红柿 100 克

龙须面 150 克

清鸡汤 400 毫升

做法：

1. 在洗净的西红柿上划上十字花刀。
2. 放入沸水中，略煮片刻。
3. 捞出，放入凉水中浸泡片刻。
4. 将西红柿剥去皮，切成片，再切丝，改切成丁，备用。
5. 锅中注入适量清水烧开。
6. 倒入龙须面，煮至熟软。
7. 将面条捞出，沥干水分，装入碗中，待用。
8. 热锅注油，放入西红柿，翻炒片刻。
9. 倒入适量鸡汤，略煮一会儿。
10. 关火后将煮好的汤料盛入面中即可。

喂养小贴士

掰开西红柿查看，催熟的西红柿少汁，无籽，或籽是绿色；自然成熟的西红柿多汁，果肉红色，籽呈土黄色。

蔬菜骨汤面片

材料：

黄瓜 30 克

胡萝卜 35 克

水发木耳 10 克

白菜 10 克

馄饨皮 100 克

猪骨汤 300 毫升

调料：

盐、鸡粉各 2 克

芝麻油 5 毫升

做法：

❶ 洗好的黄瓜对半切开，再切片。

❷ 洗净去皮的胡萝卜对半切开，再切片，备用。

❸ 锅中注入适量清水烧热，倒入猪骨汤，用大火煮至沸。

❹ 放入切好的胡萝卜，拌匀。

❺ 倒入馄饨皮，拌匀。

❻ 放入洗净切好的木耳、白菜，拌匀，煮约 3 分钟至食材熟软。

❼ 加入盐、鸡粉、芝麻油，拌匀，略煮片刻至食材入味。

❽ 关火后盛出煮好的面片，装入碗中。

❾ 放上切好的黄瓜。

❿ 盛入适量锅中的汤水即可。

喂养小贴士

木耳含有蛋白质、多糖、胡萝卜素、B 族维生素、钙、磷、铁等营养成分。

什锦面片汤

材料：

馄饨皮 150 克

上海青 50 克

午餐肉 100 克

土豆 150 克

西红柿 100 克

鸡蛋 1 个

调料：

盐、鸡粉各 2 克

食用油适量

做法：

1. 洗净去皮的土豆切片，午餐肉切薄片。
2. 洗好的西红柿、上海青切开，再切成小瓣。
3. 取一个碗，打入鸡蛋，搅散，制成蛋液。
4. 将上海青放入沸水锅内，加入食用油，略煮片刻至其断生。
5. 捞出焯煮好的上海青，装盘待用。
6. 用油起锅，倒入蛋液，炒匀。
7. 放入切好的土豆，炒匀。
8. 锅中注水，煮至沸，倒入切好的西红柿、午餐肉，放入馄饨皮，拌匀。
9. 煮约 5 分钟至食材熟软，加盐、鸡粉，拌匀，略煮片刻。
10. 关火，盛出装碗，放上上海青即可。

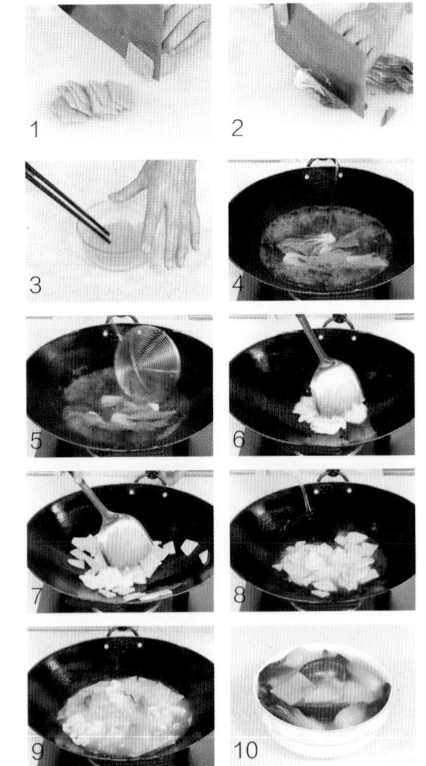

喂养小贴士

土豆可促进肠道蠕动、保持肠道水分，有预防便秘和防治癌症等作用。

土鸡高汤面

材料：

土鸡块 180 克

菠菜、胡萝卜各 75 克

面条 65 克

高汤 200 毫升

葱花少许

调料：

盐少许

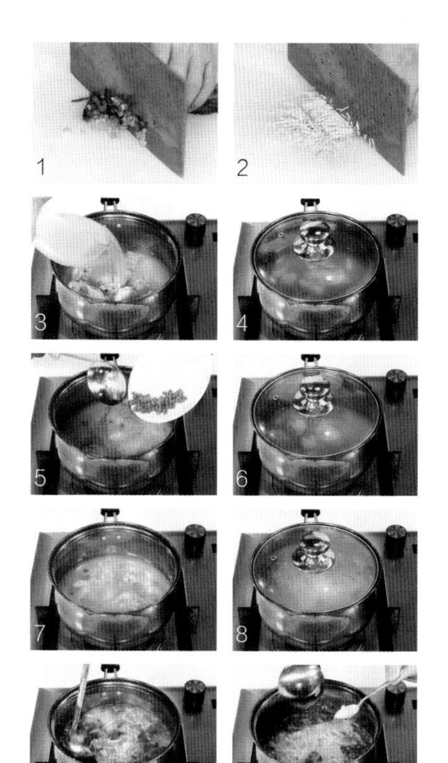

做法：

❶ 将去皮洗净的胡萝卜切丁，菠菜切碎。

❷ 面条切小段。

❸ 汤锅注水烧开，放入土鸡块，倒入备好的高汤。

❹ 盖上盖子，煮沸后用小火煮约 15 分钟至鸡肉熟软。

❺ 取下盖子，倒入胡萝卜丁。

❻ 盖好盖子，用中火续煮约 3 分钟至汤汁沸腾。

❼ 揭开盖，下入切好的面条，拌匀，使面条散开。

❽ 再盖上盖子，改小火煮约 5 分钟至全部食材熟透。

❾ 取下盖子，倒入切好的菠菜。

❿ 调入盐，拌匀，再煮片刻至入味，关火盛出，撒上葱花即可。

喂养小贴士

下入胡萝卜丁之前，要将锅里的浮油掠去，以免汤汁太油腻，影响幼儿的食欲。

面皮

材料：

面粉80克，玉米淀粉70克，黄瓜50克，去皮胡萝卜40克，香菜、蒜末各少许

调料：

盐、鸡粉、白砂糖各3克，陈醋、生抽、芝麻油各5毫升

喂养小贴士

淀粉的色泽与淀粉的含杂量有关。品质优良的淀粉色泽洁白，有一定光泽；品质差的淀粉呈黄白或灰白色，并缺乏光泽。

❶ 洗净的黄瓜、胡萝卜切片，改切成丝。

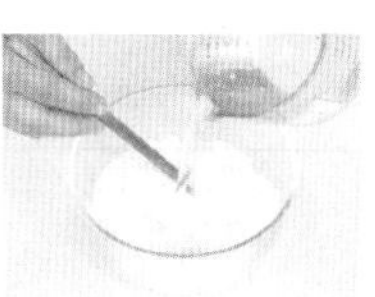

❷ 玉米淀粉、面粉中注入400毫升清水。

❸ 充分拌匀，待其沉淀10分钟，制成浆水状。

❹ 做好的面浆取出适量，放入备好的盘中。

❺ 把盘子放在沸水面加热至稍微凝固。

❻ 沸水没过盘子加热至面皮浮出水面。

❼ 将煮好的面皮放入凉水中，冷却5分钟。

❽ 将放凉的面皮叠在一起，切条。

❾ 往面皮中倒入黄瓜、胡萝卜、蒜末。

❿ 加生抽、盐、鸡粉、陈醋、糖、芝麻油，拌匀即可。

河南老式茄丝面

喂养小贴士

茄子的花萼与果实连接的地方有一条白色略带淡绿色的带状环，这个带状环越大越明显，说明茄子越嫩、越好吃。

材料：

去柄茄子 80 克，面条 100 克，香菜 20 克，葱段少许

调料：

盐、鸡粉各 1 克，生粉 8 克，生抽 5 毫升，食用油适量

❶ 洗净的茄子切长片，切细丝。

❷ 洗好的香菜切小段。

❸ 切好的茄丝装碗，放入生粉，拌匀。

❹ 用油起锅，放入葱段，爆香。

❺ 倒入拌匀的茄丝，翻炒约 2 分钟至微黄。

❻ 加入生抽。

❼ 注入适量清水至没过茄丝，搅匀，煮约 2 分钟。

❽ 放入面条，搅散，煮约 2 分钟至熟。

❾ 加入盐、鸡粉，搅匀。

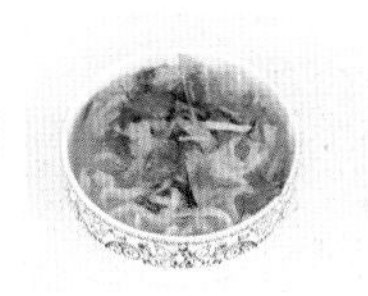

❿ 关火后盛出面条，装碗，放上香菜即可。

排骨汤面

材料：

排骨130克，面条60克，小白菜、香菜各少许

调料：

料酒4毫升，白醋3毫升，盐、鸡粉、食用油各适量

做法：

1. 将洗净的香菜切碎。
2. 小白菜切段。
3. 将面条折成段。
4. 锅中注入适量清水，倒入排骨，再加入料酒。
5. 盖上盖，用大火烧开，揭盖，加入适量白醋。
6. 盖上盖，小火煮30分钟，将煮好的排骨捞出。
7. 把面条倒入汤中，加盖，用小火煮5分钟至面条熟透。
8. 揭盖，加入少许盐、鸡粉，拌匀调味。
9. 倒入小白菜，加入少许熟油，搅拌均匀。
10. 用大火煮沸，将煮好的面条盛入碗中即可。

喂养小贴士

排骨具有益精补血、强壮体格的功效，尤其适合给幼儿和老人补充钙质。

鸡丝荞麦面

材料：

鸡胸肉 120 克

荞麦面 100 克

葱花少许

调料：

盐 2 克

鸡粉少许

水淀粉、食用油各适量

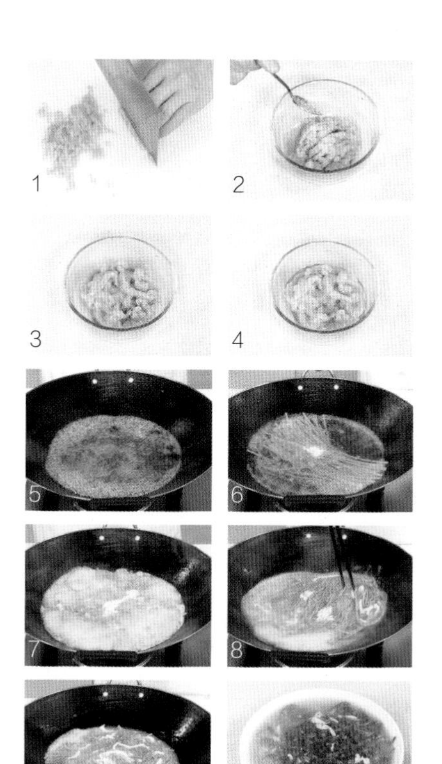

做法：

1. 将洗净的鸡胸肉切开，切成片，再切成丝。
2. 把鸡肉丝装入碗中，放入少许盐、鸡粉。
3. 淋入适量水淀粉，拌匀。
4. 再注入少许食用油，腌渍约 10 分钟至入味。
5. 锅中注入适量清水烧开，放入少许食用油。
6. 倒入备好的荞麦面，再加入鸡粉、盐，拌匀。
7. 用大火煮约 2 分钟，至面条断生。
8. 放入腌好的鸡肉丝，搅拌几下。
9. 转中火续煮 1 分 30 秒，至全部食材熟透。
10. 关火后盛出煮好的面条，放在汤碗中，撒上葱花即成。

喂养小贴士

荞麦面含有钙、磷、铁、铜、锌、硒、碘、维生素等成分，能增强机体的防病能力。

焗烤蔬菜饭

材料：

熟米饭 230 克

去皮土豆 110 克

大葱 20 克

红椒、青椒各 20 克

玉米粒 40 克

香草 1 克

芝士碎 20 克

调料：

盐 3 克

食用油适量

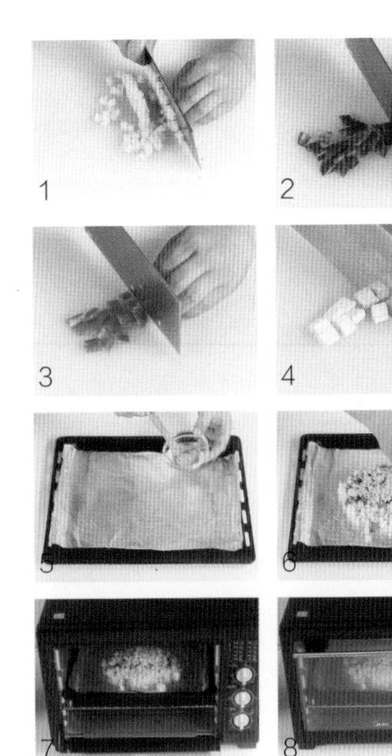

做法：

1. 洗净去皮的土豆切厚片，再切条，改切成丁。
2. 洗净的红椒横刀切开，剔除籽，切成丁。
3. 洗净的青椒横刀切开，剔除籽，切成丁。
4. 洗净的大葱对半切开，切成丁，待用。
5. 将备好的烤盘铺上锡纸，刷上一层油。
6. 在烤盘上铺上熟米饭，放上土豆、红椒、青椒、大葱、香草、盐、玉米粒、芝士碎。
7. 将烤盘放入烤箱中。
8. 关上烤箱，将烤箱温度调为 200℃，选择上下管发热，时间调为 10 分钟。
9. 打开烤箱，将烤盘取出。
10. 将烤好的菜肴倒入备好的盘中即可。

喂养小贴士

在同一品种的辣椒里挑，一般把儿直的不辣，把儿弯的就辣。

虾仁茶香泡饭

材料：

虾仁 30 克

白米饭 200 克

茶叶 2 克

海苔 4 克

高汤 100 毫升

葱花 2 克

调料：

盐少许

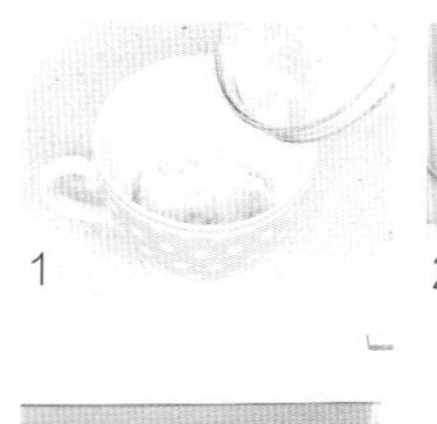
1

2

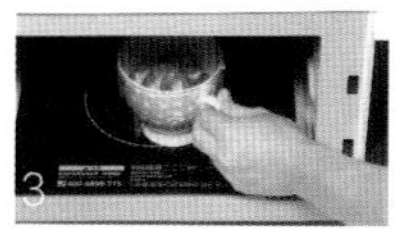
3

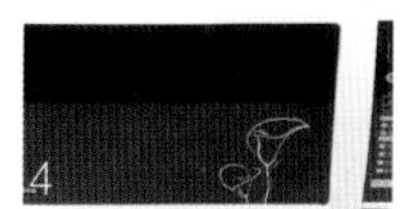
4

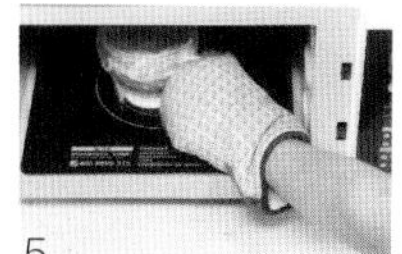
5

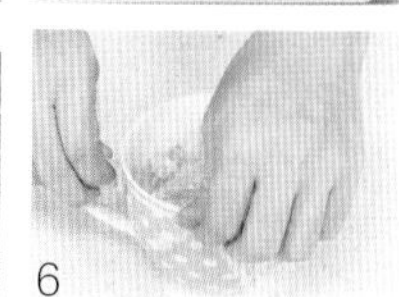
6

7

8

9

10

做法：

1. 取备好的马克杯，倒入米饭。
2. 铺上洗净的虾仁，盖上保鲜膜，待用。
3. 备好微波炉，将食材放入。
4. 关上炉门，加热 3 分钟。
5. 打开炉门，取出食材。
6. 揭开保鲜膜，待用。
7. 将茶叶倒入开水杯中，搅拌片刻。
8. 再将茶叶沥出，留茶水。
9. 将高汤倒入装有米饭的杯中，再倒入茶水。
10. 放入盐、海苔，撒上葱花即可。

喂养小贴士

健康的虾拿在手里，壳厚较硬，无黏感，有弹性，感觉很有活力，活崩乱跳，且肉质较坚实。

牛肉咖喱焗饭

材料：

牛肉 50 克，土豆 60 克，去皮胡萝卜、洋葱各 30 克，熟米饭 100 克，芝士片 1 片，番茄酱 20 克，咖喱粉 10 克

调料：

食用油适量，盐、鸡粉各 3 克

做法：

1. 洗净的洋葱、胡萝卜、土豆和牛肉都切丁。
2. 热锅注入适量的食用油，倒入牛肉丁，炒至转色。
3. 倒入洋葱块、土豆、胡萝卜，炒匀。
4. 倒入咖喱粉，炒匀。
5. 注入适量清水，加盖，焖煮 2 分钟。
6. 倒入米饭，炒匀。
7. 加入盐、鸡粉，炒匀装碗，加芝士片、番茄酱。
8. 将米饭放入电烤箱，关上箱门。
9. 将上下管温度调至 200℃，设置为双管发热，时间设置为 8 分钟，开始烤制。
10. 待时间到，打开箱门，取出米饭即可。

喂养小贴士

嫩牛肉脂肪呈白色，反之肉色深红，触摸肉皮粗糙者多为老牛肉，不要购买。

紫薯粗粮饭

材料：

紫薯 200 克，玉米粒 80 克，水发大米 100 克

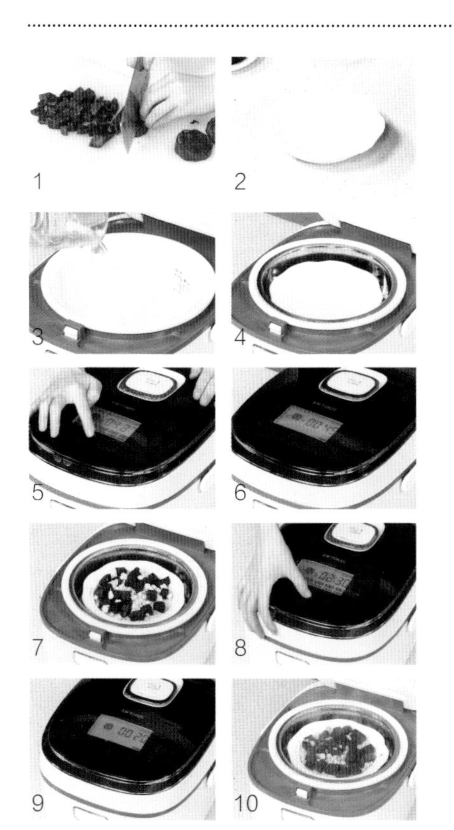

做法：

1. 紫薯切小块。
2. 将泡发好的大米装入备好的碗中。
3. 取电饭锅，注入适量清水，至水位线 1。
4. 放上蒸笼，放入大米。
5. 盖上盖，按“功能”键，选择“蒸煮”功能。
6. 时间为 45 分钟，开始蒸煮。
7. 按“取消”键，开盖，放上切好的紫薯、玉米粒。
8. 盖上盖，继续按下“功能”键，选择“蒸煮”功能。
9. 时间改为 20 分钟，继续蒸煮。
10. 按“取消”键，开盖取出即可。

喂养小贴士

紫薯富含硒元素和花青素，在日本被誉为“太空保健食品”。

土豆蒸饭

材料：

去皮土豆200克，水发大米250克，去皮胡萝卜20克，葱花少许

调料：

盐2克，生抽、食用油各适量

喂养小贴士

土豆含有蛋白质、糖、脂肪、胡萝卜素、维生素B_1、维生素B_2、维生素C、无机盐及钙、铁、磷等营养成分。

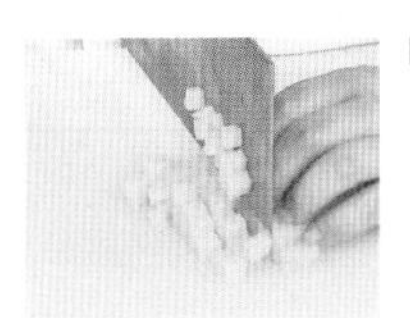

❶ 洗净的土豆切厚片，改切成丁。

❷ 洗好的胡萝卜切丁。

❸ 大米放入碗中，注入适量清水。

❹ 蒸锅中注入适量清水烧开，放入大米。

❺ 加盖，中火蒸20分钟至熟。

❻ 用油起锅，倒入土豆、胡萝卜。

❼ 加入盐、生抽，翻炒片刻至入味。

❽ 关火后将炒好的菜肴装入盘中待用。

❾ 揭盖，将菜肴倒在米饭上。

❿ 加盖，续蒸8分钟即可关火取出，撒上葱花。

咖喱虾仁炒饭

喂养小贴士

虾仁含蛋白质、脂肪、磷、钾、钠、钙、镁、硒、维生素A及碳水化合物等成分，具增强免疫力、降低胆固醇、益气补血等功效。

材料：

冷米饭350克，虾仁80克，咖喱20克，胡萝卜丁25克，洋葱丁25克，青豆20克，鸡蛋2个

调料：

盐2克，鸡粉3克，食用油适量

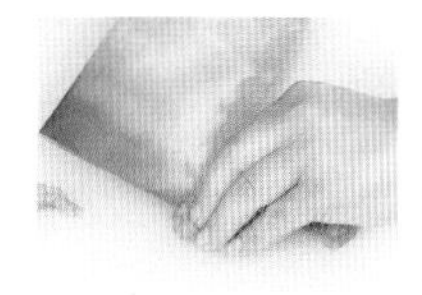

❶ 洗净的虾仁横刀切开。

❷ 将鸡蛋搅散。

❸ 用油起锅，倒入鸡蛋液翻炒至熟，盛出备用。

❹ 锅中倒入油、洋葱、胡萝卜、青豆、虾仁。

❺ 翻炒约3分钟至熟软，装入盘中备用。

❻ 用油起锅，放入咖喱，炒至其融化。

❼ 倒入冷米饭，翻炒约3分钟至松软。

❽ 加入炒好的鸡蛋，炒匀，倒入炒好的菜肴。

❾ 加入盐、鸡粉，翻炒片刻，使其入味。

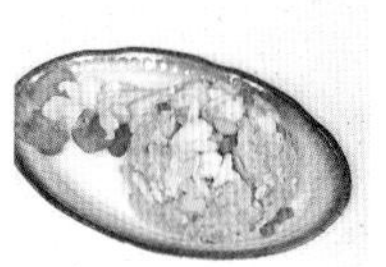

❿ 先装碗，再扣在准备好的盘子上即可。

青豆鸡丁炒饭

材料：

米饭 180 克

鸡蛋 1 个

青豆 25 克

彩椒 15 克

鸡胸肉 55 克

调料：

盐 2 克

食用油适量

做法：

1. 洗净的彩椒切条形，改切成小丁块。
2. 洗好的鸡胸肉切细条形，改切成小丁块。
3. 鸡蛋打入碗中，搅散、拌匀，待用。
4. 锅中注入适量清水烧开，倒入洗好的青豆，煮约 1 分 30 秒，至其断生。
5. 倒入鸡胸肉，拌匀，煮至变色。
6. 捞出汆煮好的食材，沥干水分，待用。
7. 用油起锅，倒入蛋液，炒散。
8. 放入彩椒、米饭，炒散、炒匀。
9. 倒入汆过水的材料，炒至米饭变软。
10. 加少许盐调味，拌炒片刻，至食材入味即可。

喂养小贴士

鸡胸肉具有强身健体、增高助长、益气补血等功效。

三文鱼蒸饭

材料：

水发大米 150 克

金针菇 50 克

三文鱼 50 克

葱花、枸杞各少许

调料：

盐 3 克

生抽适量

做法：

❶ 洗净的金针菇切去根部，切成小段。

❷ 洗好的三文鱼切丁。

❸ 将三文鱼放入碗中，加盐，拌匀，腌渍片刻。

❹ 取一碗，倒入大米，注入适量清水。

❺ 加入生抽、鱼肉，拌匀。

❻ 放入金针菇，拌匀。

❼ 蒸锅中注入适量清水烧开，放上碗。

❽ 加盖，中火蒸 40 分钟至熟。

❾ 揭盖，取出蒸好的饭。

❿ 撒上葱花，放上枸杞即可。

喂养小贴士

若三文鱼肉里面有一条或几条白花花的颜色，就是养殖的；相反，野生的三文鱼肉质紧实，脂肪含量几乎为零，所以看不到白色的膘。

什锦炒饭

材料：

米饭 300 克

水发木耳 75 克

鸡蛋 1 个

培根 35 克

蟹柳 40 克

豌豆 30 克

调料：

盐 2 克

鸡粉适量

做法：

1. 将解冻的蟹柳切条形，再切丁。
2. 把培根切条形，再切成小块。
3. 洗净的木耳切丝。
4. 把鸡蛋打入小碗中，搅散，制成蛋液，待用。
5. 锅中注水烧开，放入洗净的豌豆，略煮一会儿。
6. 倒入木耳丝拌匀，煮至食材断生，捞出沥干待用。
7. 用油起锅，倒入蛋液，炒匀后放培根块、蟹柳丁，炒香。
8. 倒入备好的米饭，快速翻炒均匀。
9. 放入焯煮过的食材，炒匀，加入少许盐、鸡粉。
10. 用中火炒匀，至食材熟透、入味即可。

喂养小贴士

炒米饭时，滴入几滴芝麻油，味道会更香。

南瓜肉丁焖饭

材料：

去皮南瓜 80 克

猪瘦肉 50 克

水发大米 80 克

姜片 5 克

高汤 400 毫升

调料：

盐 2 克

黑胡椒粉 2 克

做法：

❶ 南瓜切片，切成条，改切成丁。

❷ 洗净的瘦肉拦腰切断，切条，改切成丁，待用。

❸ 往备好的热锅中倒入高汤，煮至沸腾。

❹ 往焖烧罐中倒入泡发好的大米，加入肉丁。

❺ 加入煮沸的开水至八分满，拌匀。

❻ 盖上盖，摇晃片刻，再静置 1 分钟，使焖烧罐和食材充分预热。

❼ 开盖，倒出水，加入南瓜、姜片。

❽ 撒上盐、黑胡椒粉。

❾ 再将高汤倒入焖烧罐中至八分满。

❿ 加盖，摇晃片刻，再焖 4 小时至食材熟透即可。

喂养小贴士

南瓜含有蛋白质、胡萝卜素、维生素、锌、钙、磷等成分，具有健脾养胃、保护视力等功效。

魔芋结饭团

材料：

魔芋结 180 克，米饭 230 克，紫苏叶 15 克，海苔碎 5 克，胡萝卜 60 克

调料：

生抽 10 毫升，芥末少许

做法：

1. 洗净的紫苏叶切成细丝。
2. 洗净去皮的胡萝卜切片，再切丝切粒。
3. 锅中注入适量的清水，大火烧开。
4. 倒入魔芋结，搅匀，汆煮片刻。
5. 将魔芋结捞出，沥干水分。
6. 取一个碗，倒入熟米饭、胡萝卜丁、海苔碎，混合匀。
7. 用手取适量的米饭，揉捏成团，摆入盘中。
8. 魔芋结摆放在饭团上，撒上紫苏叶，待用。
9. 取一食碟，放入适量芥茉，再加入生抽，搅拌匀，制成味汁。
10. 将味汁碟摆放在饭团边即可。

喂养小贴士

紫苏挑选时以色紫、叶大不碎、无枝梗、香气浓郁者为佳。

饺子汤

材料：

白菜 65 克，豆腐 70 克，南瓜 80 克，洋葱 45 克，肉末 75 克，鸡蛋 1 个，饺子皮适量

调料：

盐 2 克，鸡粉 2 克，生粉适量

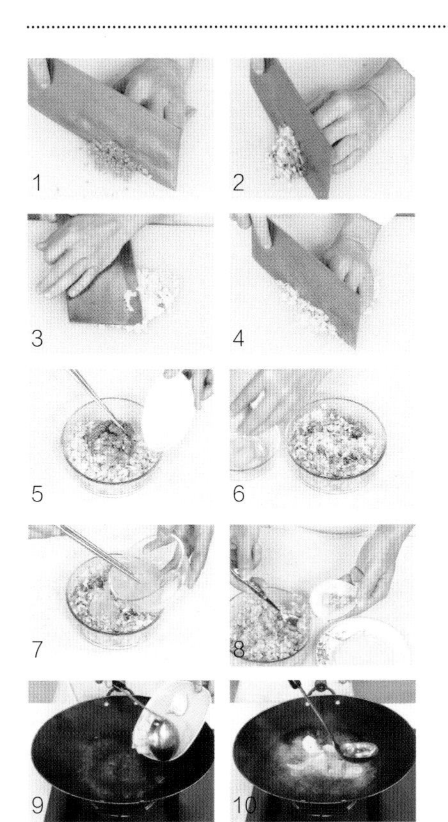

做法：

1. 洗净去皮的南瓜切片，再切细丝，改切成粒。
2. 洗好的洋葱切片，再切成细末。
3. 洗净的豆腐压碎。
4. 洗好的白菜切成细丝，再切碎。
5. 取一碗，倒入豆腐、南瓜、白菜、洋葱、肉末，加入盐、鸡粉，拌匀。
6. 鸡蛋打入碗中，搅散成蛋液。
7. 将蛋液倒入碗中拌匀，加生粉制成馅料。
8. 取饺子皮，放入馅料，包好，收紧口。
9. 锅中注入清水烧开，放入饺子生坯，拌匀。
10. 加入少许冷水，中火煮约 10 分钟，搅拌均匀，关火盛出即可。

喂养小贴士

由于食材含水量大，所以用盐、鸡粉腌渍后，最好挤压控水。

芹菜猪肉水饺

材料：

芹菜100克，肉末90克，饺子皮95克，姜末、葱花各少许

调料：

盐、五香粉、鸡粉各3克，生抽5毫升，食用油适量

喂养小贴士

新鲜芹菜的根部多以翠绿色为主，颜色很饱满。在挑选的时候，根部要以干净、颜色翠绿、无斑点为主要挑选对象。

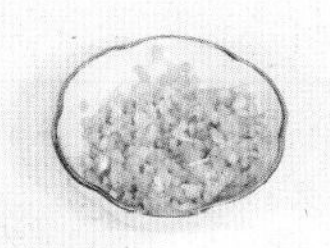

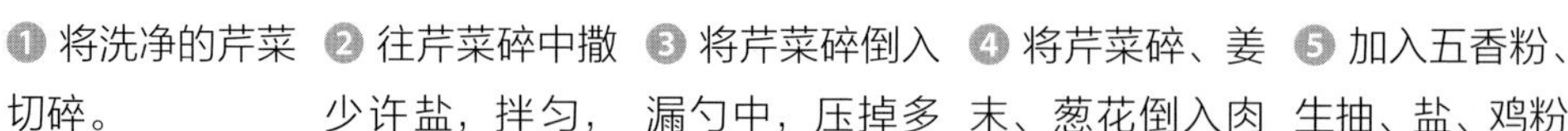

❶ 将洗净的芹菜切碎。

❷ 往芹菜碎中撒少许盐，拌匀，腌渍10分钟。

❸ 将芹菜碎倒入漏勺中，压掉多余的水分。

❹ 将芹菜碎、姜末、葱花倒入肉末中。

❺ 加入五香粉、生抽、盐、鸡粉、食用油，拌匀。

❻ 用手指蘸上少许清水，往饺子皮边涂抹一圈。

❼ 往饺子皮中放上馅料，将饺子皮对折捏紧。

❽ 剩余的饺子皮全部制成饺子，放入盘中待用。

❾ 沸水中倒入饺子生胚，拌匀。

❿ 加盖，用大火煮2分钟，至其上浮即可。

南瓜发糕

喂养小贴士

可以把熟南瓜片里的水倒出去，否则和到面团里不容易和成面团。

材料：

低筋面粉250克，泡打粉20克，鸡蛋液适量，淡奶50毫升，熟南瓜片200克，枸杞少许

调料：

白糖250克，食用油100毫升

❶ 取碗，放入熟南瓜片搅碎。

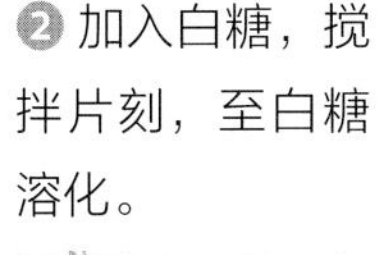

❷ 加入白糖，搅拌片刻，至白糖溶化。

❸ 依次倒入淡奶、低筋面粉、鸡蛋液，拌匀。

❹ 用电动搅拌器快速搅成均匀纯滑的浆。

❺ 加入泡打粉，用电动搅拌器搅拌均匀。

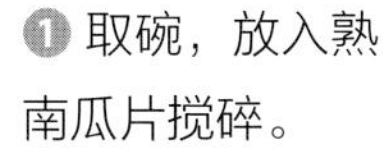

❻ 倒入适量食用油，搅匀，制成粉浆。

❼ 蒸笼中放入数个蛋糕杯，分别盛入适量粉浆。

❽ 放少许枸杞。

❾ 蒸锅中注入适量清水烧开，放入蒸笼。

❿ 加盖，大火蒸20分钟至熟，取出待凉即可食用。

三鲜馅饺子

材料：

韭菜 75 克

饺子皮 110 克

鸡蛋液 30 克

虾皮 10 克

水发木耳 60 克

调料：

盐、鸡粉、五香粉各 3 克

芝麻油 5 毫升

食用油适量

做法：

❶ 洗净的韭菜切碎，泡发好的木耳切成碎。

❷ 鸡蛋液打散，待用。

❸ 热锅注油烧热，倒入蛋液快速炒散，盛出待用。

❹ 往大碗中倒入鸡蛋、虾皮、木耳碎、韭菜碎。

❺ 撒上盐、鸡粉、五香粉，淋上芝麻油、食用油，拌匀入味，制成馅料。

❻ 往饺子皮边缘涂抹一圈清水。

❼ 放上少许的馅料，将饺子皮对折，两边捏紧。

❽ 其他的饺子皮采用相同的做法制成饺子生胚，放入盘中待用。

❾ 清水烧开，倒入饺子生胚，煮开后再煮 3 分钟。

❿ 加盖，用大火煮 2 分钟，至饺子上浮，揭盖盛出即可。

喂养小贴士

每 100 克韭菜含 1.5 克纤维素，可以促进肠道蠕动，有助于人体排出毒素、提高自身免疫力。

玫瑰包

材料：

低筋面粉 500 克

酵母 5 克

白糖 50 克

莲蓉 80 克

蛋清少许

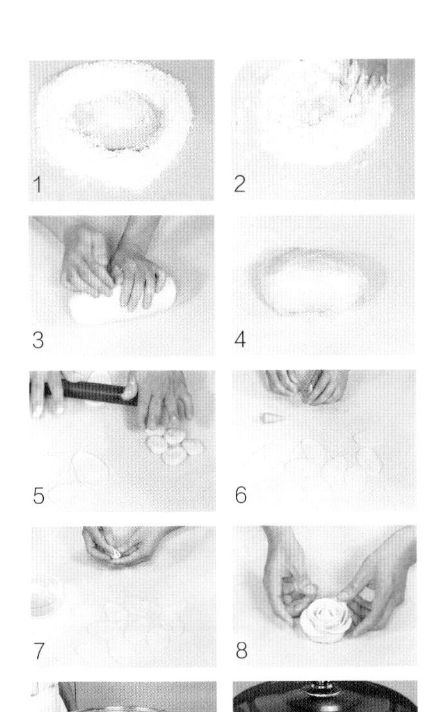

做法：

❶ 将面粉、酵母混匀、开窝，加入白糖。

❷ 分两次倒入清水，拌匀，揉搓成面团。

❸ 继续揉搓至面团纯滑，制成白色面团。

❹ 放入保鲜袋中，包裹严实，静置约 10 分钟。

❺ 把面团分成两份，分别搓条下剂、压扁，擀成薄面皮。

❻ 取适量莲蓉，搓成圆锥状。

❼ 在面皮上抹少许蛋清，放入莲蓉，包裹好，再一层层裹上面皮。

❽ 重复数次，裹成玫瑰花形状，制成玫瑰包生坯。

❾ 将蒸盘刷上一层食用油，放上玫瑰包生坯。

❿ 盖上盖，发酵 1 小时，开火，用大火蒸约 10 分钟，至玫瑰包熟透即可。

喂养小贴士

和面时应将面和得手感偏硬些，这样发酵完的面团软硬度才合适。

虾仁土豆泥

材料：

基围虾80克，熟土豆200克，姜末少许，面包糠适量

调料：

盐、鸡粉各3克，生粉6克，食用油适量

喂养小贴士

土豆含有蛋白质、膳食纤维、维生素A、维生素C及多种矿物质，具有健脾和胃、益气调中、缓急止痛等功效。

❶ 将熟土豆切块，用刀拍烂，压成泥状。

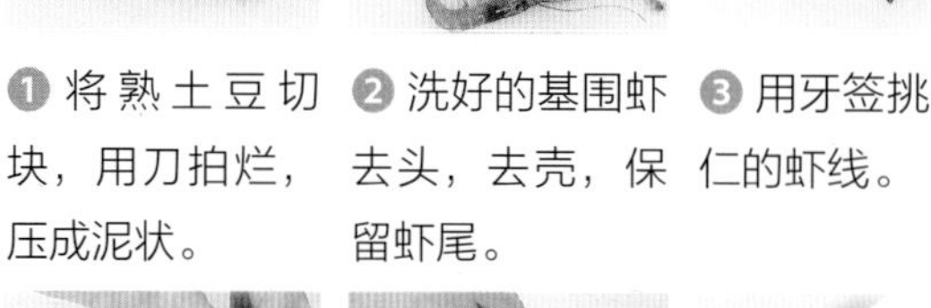

❷ 洗好的基围虾去头，去壳，保留虾尾。

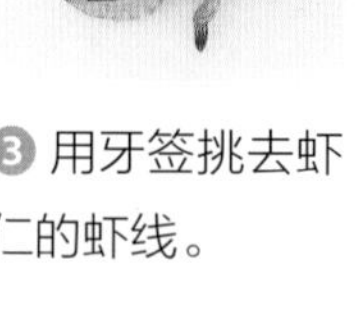

❸ 用牙签挑去虾仁的虾线。

❹ 虾仁中加少许盐、鸡粉、生粉、食用油，拌匀。

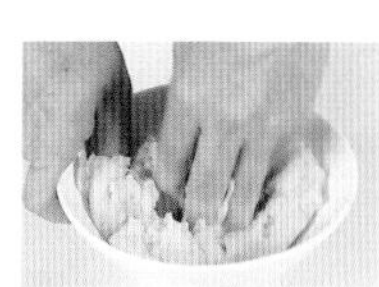

❺ 土豆泥中放入盐、鸡粉、生粉，姜末，搅拌均匀。

❻ 把虾仁裹入土豆泥中，将虾尾露在外边。

❼ 再均匀地裹上面包糠。

❽ 将裹好面包糠的虾球生坯装入盘中。

❾ 热锅注油烧至五成热，放入虾球，炸约3分钟。

❿ 装入盘中，待稍微放凉后即可食用。

虾仁炒豆芽

材料：

黄豆芽 100 克，虾仁 85 克，红椒丝、青椒丝、姜片各少许

调料：

盐 3 克，鸡粉 2 克，料酒 10 毫升，水淀粉、食用油各适量

做法：

❶ 洗净的虾仁由背部切开，去除虾线。
❷ 洗好的黄豆芽切去根部。
❸ 把虾仁装入碗中，加盐、料酒、水淀粉，拌匀。
❹ 淋入少许食用油，腌渍约 15 分钟至其入味，备用。
❺ 用油起锅，倒入虾仁，炒匀。
❻ 放入姜片，炒出香味。
❼ 放入红椒丝、青椒丝、黄豆芽，用大火快炒至食材变软。
❽ 加入盐、鸡粉、料酒、水淀粉。
❾ 翻炒匀，至食材入味。
❿ 关火后盛出炒好的菜肴即可。

喂养小贴士

水淀粉不要加太多，否则会影响虾仁清爽的口感。

萝卜炖鱼块

材料：

白萝卜 100 克

草鱼肉 120 克

鲜香菇 35 克

姜片、葱末、

香菜末各少许

调料：

盐、鸡粉各 2 克

胡椒粉少许

花椒油、食用油各适量

做法：

1. 将洗净的香菇切粗丝，装盘待用。
2. 去皮洗净的白萝卜切成薄片，装盘待用。
3. 洗净的草鱼肉切成块。
4. 煎锅中注油烧热，下入姜片，用大火爆香。
5. 放入鱼块，用小火煎片刻至两面呈焦黄色。
6. 倒入香菇丝，下入萝卜片，翻炒几下，注入适量开水。
7. 加入盐、鸡粉，撒上少许胡椒粉。
8. 轻轻搅拌匀，用大火煮约 3 分钟。
9. 关火后盛出煮好的菜肴，放在汤碗中，撒上香菜末、葱末，待用。
10. 另起锅，置于大火上，倒入少许花椒油烧热，浇在汤碗中即成。

喂养小贴士

选购草鱼时注意新鲜鱼的表面有透明黏液，鳞片有光泽且与鱼体贴附紧密，不易脱落。

木耳炒茭白

材料：

茭白 120 克

水发木耳 70 克

胡萝卜片、姜片、

蒜末、葱段各少许

调料：

盐、鸡粉各 2 克

料酒 4 毫升

生抽 2 毫升

水淀粉 3 毫升

食用油适量

做法：

1. 将洗净的茭白对半切开，改切成片。
2. 把洗好的木耳切成小块。
3. 用油起锅，放入胡萝卜、姜片、蒜末，爆香。
4. 倒入切好的茭白，翻炒均匀。
5. 放入木耳，拌炒匀，淋入少许料酒，炒香。
6. 加入适量生抽、盐、鸡粉，炒匀调味。
7. 淋入少许清水，翻炒片刻。
8. 用大火收汁，撒入少许葱段，倒入适量水淀粉。
9. 快速拌炒均匀。
10. 将锅中食材盛出装盘即可。

喂养小贴士

选购时，若发现笋身扁瘦、弯曲、形状不完整，则口感较差，不宜选购。

西红柿烧牛肉

材料：

西红柿90克，牛肉100克，姜片、蒜片、葱花各少许

调料：

盐3克，鸡粉2克，食粉少许，白糖2克，番茄汁15克，料酒3毫升，水淀粉2毫升，食用油适量

喂养小贴士

烹调西红柿的时间不宜过长，烹调时可加少许醋，能有效破坏其所含的有害物质番茄碱。

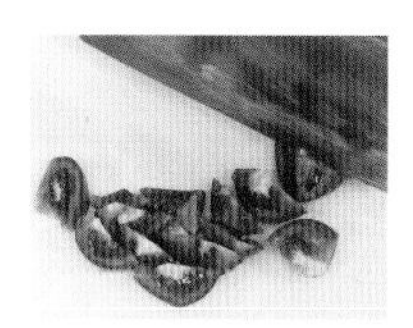

❶ 将洗净的西红柿切成小块。

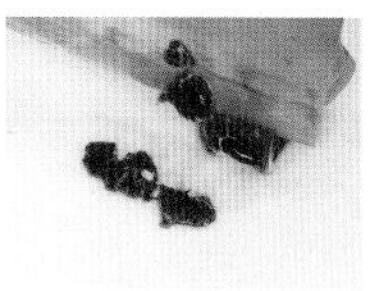

❷ 洗好的牛肉切成片。

❸ 牛肉片中加食粉、盐、鸡粉、水淀粉，拌匀。

❹ 淋入少许食用油，腌渍10分钟至入味。

❺ 用油起锅，下入姜片、蒜片，爆香。

❻ 倒入牛肉片，翻炒片刻。

❼ 加料酒，炒香。

❽ 下入西红柿，翻炒均匀，倒入适量清水。

❾ 加入盐、白糖，拌匀加盖，用中火焖3分钟至熟。

❿ 揭盖，放入番茄汁炒匀，盛出，放入葱花即可。

蒸花生藕夹

喂养小贴士

莲藕可以改善肠胃疲劳，另外含有的一种糖类蛋白质能促进脂肪的消化，因此也可以减轻肠胃负担。

材料：

去皮莲藕200克，肉末70克，花生碎30克，水发香菇40克，姜末、葱花各3克

调料：

蚝油3克，盐、鸡粉各2克，料酒10毫升，食用油适量

❶ 洗净去皮的莲藕切成0.3厘米厚度的片。

❷ 泡发好的香菇切碎。

❸ 将肉末倒入备好的碗中。

❹ 加入花生碎、香菇碎、姜末、葱花。

❺ 加入盐、鸡粉、料酒、蚝油、食用油，搅匀待用。

❻ 取一片莲藕片，放上馅料，再盖上另一片。

❼ 将两片莲藕片压紧，夹住馅料，制成藕夹。

❽ 电蒸锅注水烧开，放入藕夹。

❾ 加盖，蒸20分钟。

❿ 揭盖，将藕夹取出即可。

木耳烩豆腐

材料：

豆腐 200 克

木耳 50 克

蒜末、葱花各少许

调料：

盐 3 克

鸡粉 2 克

生抽、老抽、

料酒、水淀粉、

食用油各适量

做法：

1. 把洗好的豆腐、木耳切成小块。
2. 锅中注入适量清水烧开，加少许盐，倒入豆腐块，煮 1 分钟。
3. 将煮好的豆腐捞出，装入盘中，待用。
4. 把切好的木耳倒入沸水锅中，煮半分钟，捞出待用。
5. 用油起锅，放入蒜末，爆香。
6. 倒入木耳，炒匀，淋入适量料酒，炒香。
7. 加入少许清水，放入适量生抽。
8. 加入适量盐、鸡粉，淋入少许老抽，拌匀煮沸。
9. 放入焯煮过的豆腐，搅匀，煮 2 分钟至熟。
10. 倒入适量水淀粉勾芡，装碗，撒上葱花即可。

喂养小贴士

用水淀粉勾芡时，不要加太多，以免汤汁过于浓稠，影响成品口感。

鸡丝凉瓜

材料：

鸡胸肉 100 克

苦瓜 110 克

姜末 少许

调料：

盐 2 克

鸡粉 2 克

白糖 2 克

水淀粉 4 毫升

料酒 2 毫升

食用油适量

做法：

❶ 将洗净的苦瓜切段，对半切开，去除瓜瓤，改切成条。

❷ 洗好的鸡胸肉切片，切成丝。

❸ 把鸡肉丝装入碗中，放入少许盐、鸡粉、水淀粉，拌匀。

❹ 再加入适量食用油，腌渍 10 分钟。

❺ 锅中注入适量清水，用大火烧开，放入少许盐，倒入苦瓜，用中火煮 2 分钟。

❻ 捞出煮熟的苦瓜，沥干水分，装入盘中待用。

❼ 用油起锅，下入姜末，爆香，放入鸡肉丝。

❽ 淋入料酒，翻炒至转色，倒入焯煮好的苦瓜。

❾ 快速拌炒均匀，加入盐、白糖，炒匀调味。

❿ 倒入适量水淀粉，拌炒一会至锅中食材入味，装盘即可。

娃娃菜煲

材料：

豆腐140克，娃娃菜120克，水发粉丝80克，高汤200毫升，姜末、蒜末、葱丝各少许

调料：

盐3克，鸡粉2克，料酒6毫升，食用油适量

做法：

1. 将洗净的豆腐、娃娃菜切小块。
2. 洗好的粉丝切小段。
3. 锅中注水烧开，撒少许盐，下娃娃菜，搅拌匀，煮约半分钟至断生，捞出沥干。
4. 接着倒入豆腐块，煮约1分30秒。
5. 捞出焯好的豆腐，沥干装盘待用。
6. 用油起锅，下入姜末、蒜末，用大火爆香。
7. 放入娃娃菜，淋入少许料酒，炒香、炒透。
8. 注入高汤，下豆腐块、粉丝段，用大火煮软。
9. 取一个干净的砂煲，盛入锅中的食材。
10. 将砂煲置于旺火上，炖煮一会至全部食材熟透，趁热撒上葱丝即成。

喂养小贴士

正宗的娃娃菜应挑选个头小、大小均匀、手感紧实、菜叶细腻嫩黄的为佳。

菜心木耳肉片

材料：

瘦肉 150 克，菜心 350 克，鲜香菇 30 克，水发木耳 45 克，姜片、蒜末、葱白各少许

调料：

盐 2 克，味精 3 克，鸡粉 2 克，水淀粉 10 毫升，料酒、老抽、生抽、食用油各适量

做法：

1. 洗净的香菇、瘦肉切片；木耳切块。
2. 肉片加少许盐、味精、水淀粉拌匀。
3. 加少许食用油，腌渍 10 分钟至入味。
4. 用油起锅，倒入洗净的菜心，翻炒均匀。
5. 加少许清水炒匀，加盐、鸡粉调味后盛出。
6. 锅中加约 300 毫升清水烧开，倒入木耳。
7. 再倒入准备好的香菇，拌匀，煮沸捞出。
8. 用油起锅，倒入姜片、蒜末、葱白，爆香，倒入瘦肉，炒至变色。
9. 倒入香菇和木耳，淋上料酒、盐、味精、生抽、老抽，炒匀入味。
10. 加水淀粉勾芡，炒匀后盛在菜心上即成。

1 2 3 4 5 6 7 8 9 10

喂养小贴士

菜心富含钙、铁、胡萝卜素和维生素 C，对抵御皮肤过度角质化大有裨益。

鸡丝烩菠菜

材料：

菠菜 100 克，鸡胸肉 110 克，蒜片、枸杞各少许

调料：

盐 3 克，鸡粉 2 克，料酒 4 毫升，水淀粉、食用油各适量

做法：

1. 锅中注水烧开，放入洗净的菠菜，煮约半分钟至其断生。
2. 捞出焯好的菠菜，沥干水分，放凉待用。
3. 把洗净的鸡胸肉切成细丝，菠菜切成小段。
4. 将鸡肉丝中加少许盐、鸡粉、水淀粉，拌匀。
5. 再注入适量食用油，腌渍约 10 分钟至入味。
6. 用油起锅，下入蒜片，用大火爆香。
7. 倒入鸡肉丝炒散，淋入少许料酒，炒香炒透。
8. 注入少许清水，翻炒几下，加入盐、鸡粉。
9. 再下入切好的菠菜，撒上枸杞，翻炒匀。
10. 转大火收浓汤汁，倒入适量水淀粉勾芡后关火装盘。

喂养小贴士

取一粒枸杞放进嘴里，尝一下，如果是甘甜、没有发苦，就是较好的枸杞。

芦笋木耳炒八爪鱼

材料：

八爪鱼100克

芦笋90克

彩椒70克

水发木耳50克

姜片、蒜末、葱段各少许

调料：

盐2克

鸡粉、白糖各少许

生抽3毫升

料酒4毫升

水淀粉、食用油各适量

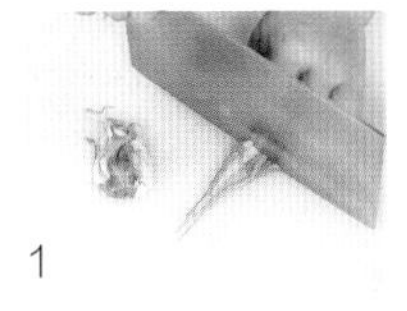
1

2

3

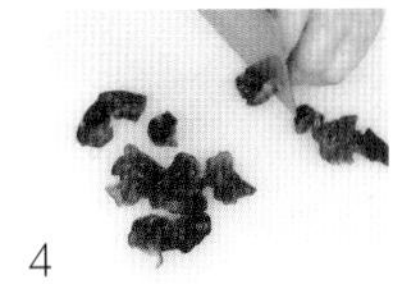
4

5

6

7

8

9

10

做法：

❶ 将处理好的八爪鱼切成段。

❷ 洗净的芦笋切段。

❸ 洗好的彩椒切条形，再切成小块。

❹ 洗净的木耳切小块。

❺ 锅中注入适量清水烧开，加入少许盐、食用油。

❻ 倒入木耳块，搅匀，略煮一会儿，放入切好的芦笋、八爪鱼，搅拌匀，煮约半分钟。

❼ 再倒入彩椒块，搅匀，煮半分钟，捞出沥干。

❽ 用油起锅，倒入姜片、蒜末、葱段，爆香，倒入汆煮过的食材，翻炒匀。

❾ 淋入适量料酒、生抽、适量盐、鸡粉、白糖，炒匀调味。

❿ 倒入少许水淀粉，用中火快速炒匀盛出即可。

喂养小贴士

清洗八爪鱼时，可以加入适量白醋，这样切段时就不易滑刀了。

韭菜花炒虾仁

材料：

虾仁85克，韭菜花110克，彩椒10克，葱段、姜片各少许

调料：

盐、鸡粉各2克，白糖少许，料酒4毫升，水淀粉、食用油各适量

喂养小贴士

根部粗壮、截口较平整、韭菜叶直、颜色鲜嫩翠绿为佳品，这样的韭菜营养价值比较高。

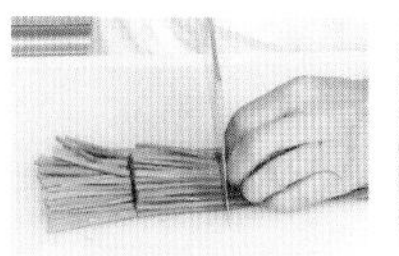

❶ 将洗净的韭菜花切长段，彩椒切粗丝。

❷ 洗净的虾仁由背部切开，挑去虾线。

❸ 虾仁中加入少许盐、料酒、水淀粉。

❹ 拌匀，腌渍约10分钟，待用。

❺ 用油起锅，倒入腌渍好的虾仁，炒匀。

❻ 撒上备好的姜片、葱段，炒出香味。

❼ 淋入适量料酒，炒匀，至虾身呈亮红色。

❽ 倒入彩椒丝炒软，放入韭菜花。

❾ 大火快炒至断生，转小火，加入少许盐、鸡粉。

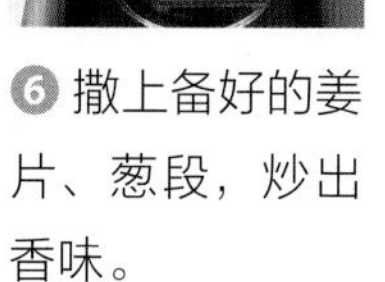

❿ 撒上适量白糖，用水淀粉勾芡后关火装盘。

丝瓜炒蛋

材料：

丝瓜 350 克，鸡蛋 2 个，葱白 10 克

调料：

盐 3 克，白糖、胡椒粉、食用油各适量

喂养小贴士

丝瓜最好用旺火快炒，以免炒出过多水分，影响成品口感和外观。

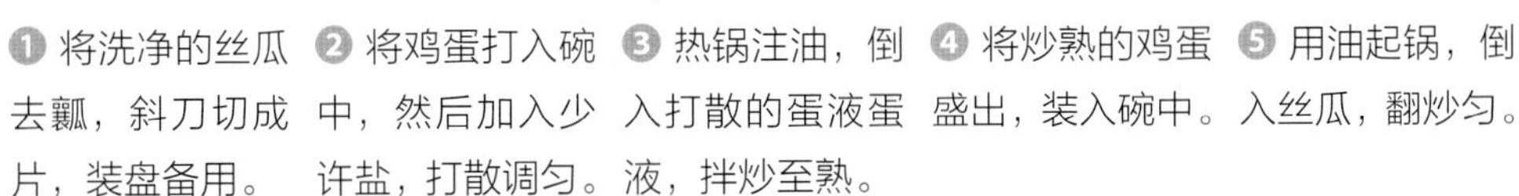

❶ 将洗净的丝瓜去瓤，斜刀切成片，装盘备用。

❷ 将鸡蛋打入碗中，然后加入少许盐，打散调匀。

❸ 热锅注油，倒入打散的蛋液蛋液，拌炒至熟。

❹ 将炒熟的鸡蛋盛出，装入碗中。

❺ 用油起锅，倒入丝瓜，翻炒匀。

❻ 加入适量盐、白糖，拌炒均匀。

❼ 放入葱白、鸡蛋，拌炒匀。

❽ 食材中撒入少许胡椒粉。

❾ 快速拌炒至食材入味。

❿ 将炒好的丝瓜和鸡蛋盛出装盘即可。

黑木耳腐竹拌黄瓜

材料：

水发黑木耳 40 克，水发腐竹 80 克，黄瓜 100 克，彩椒 50 克，蒜末少许

调料：

盐 3 克，鸡粉少许，生抽、陈醋、芝麻油、食用油各适量

做法：

1. 将泡发好的腐竹切成段，洗净的黄瓜切片。
2. 洗好的彩椒、木耳切成小块。
3. 锅中注入适量清水烧开，放入适量盐，倒入少许食用油。
4. 放入木耳，搅匀，煮至沸。
5. 加入腐竹，搅拌匀，煮至沸，再煮 1 分钟。
6. 倒入彩椒、黄瓜，拌匀，略煮片刻。
7. 捞出焯煮好的食材，沥干水分，待用。
8. 将焯过水的食材装入碗中，放入蒜末。
9. 加入适量盐、鸡粉，淋入生抽、陈醋、芝麻油。
10. 用筷子拌匀至入味，装入盘中即可。

喂养小贴士

良质腐竹呈淡黄色，有光泽，具有腐竹固有的香味，无其他任何异味。

木耳鸡蛋西蓝花

材料：

水发木耳 40 克，鸡蛋 2 个，西蓝花 100 克，蒜末、葱段各少许

调料：

盐 4 克，鸡粉 2 克，生抽、料酒、水淀粉、食用油各适量

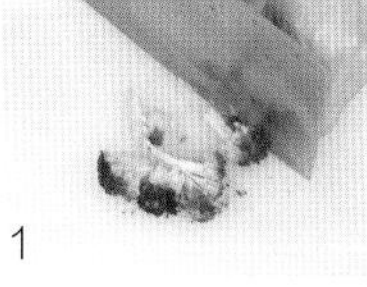
1

2

3

4

5

6

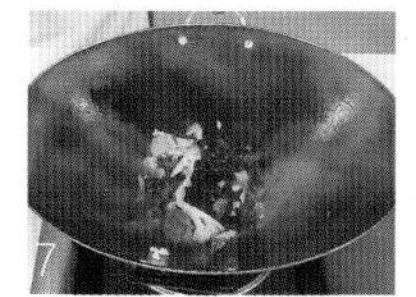
7

8

9

10

做法：

1. 洗好的木耳、西蓝花切成小块。
2. 鸡蛋打入碗中，加入少许盐，打散、调匀。
3. 锅中注入适量清水烧开，放入适量盐、食用油。
4. 倒入木耳煮至沸，再倒入西蓝花，焯煮片刻后一起捞出，沥干待用。
5. 用油起锅，倒入蛋液，炒至五成熟，盛出备用。
6. 锅中倒入适量食用油，放入蒜末、葱段，爆香。
7. 倒入焯过水的木耳和西蓝花，翻炒均匀。
8. 淋入料酒，炒出香味，放入炒好的鸡蛋炒匀。
9. 加入适量盐、鸡粉、生抽，炒匀调味。
10. 倒入适量水淀粉，快速翻炒均匀，装盘即可。

喂养小贴士

炒鸡蛋时，油温要高一点，这样炒出的鸡蛋比较嫩滑。

香芹炒木耳

材料：

芹菜100克，水发木耳150克，姜片、蒜片各少许

调料：

鸡粉、盐各2克，料酒5毫升，水淀粉8毫升，食用油适量

做法：

1. 把洗净的芹菜切成3厘米左右的段，备用。
2. 将洗净的木耳切去根部，改切成细丝，备用。
3. 锅置旺火上，注入适量清水，大火烧开，倒入少许食用油。
4. 放入木耳拌匀，煮约半分钟，捞出沥干备用。
5. 用油起锅，下入姜片、蒜片，大火爆香。
6. 倒入芹菜，炒至断生。
7. 再放入木耳，转中火，淋上少许料酒。
8. 再加入盐、鸡粉，翻炒至食材入味。
9. 倒上少许水淀粉勾芡，用锅铲翻炒均匀。
10. 出锅，盛入盘中即可。

喂养小贴士

木耳的营养丰富，含有大量蛋白质、糖类、钙、铁及钾、钠。

莴笋黄瓜小炒菜

材料：

莴笋、胡萝卜、黄瓜各 100 克，花生米 25 克，玉米 35 克，蒜末、葱白、姜片各少许

调料：

盐 4 克，水淀粉 10 毫升，鸡粉、食用油各适量

做法：

1. 将去皮洗净的莴笋、黄瓜、胡萝卜切丁。
2. 锅中加适量清水烧开，加盐，倒入洗好的花生米。
3. 再倒入胡萝卜，煮片刻，倒入玉米，拌匀煮沸。
4. 将煮好的材料捞出，装盘备用。
5. 热锅注油，倒入姜片、葱白、蒜末，爆香。
6. 倒入黄瓜、莴笋，拌炒片刻。
7. 加少许清水，炒约 1 分钟至熟。
8. 倒入胡萝卜、玉米、花生米，拌炒匀。
9. 加盐、鸡粉，炒匀调味，加入少许水淀粉。
10. 快速拌炒匀，将锅中材料盛出，装盘即可。

喂养小贴士

莴笋含有大量的植物纤维素，能促进肠壁蠕动，通利消化道，帮助大便排泄。

桑叶海带炖黑豆

材料：

桑叶 5 克

海带 170 克

水发黑豆 100 克

姜片、葱段各少许

调料：

盐 2 克

食用油适量

做法：

1. 洗好的海带切成条，再切成小块，备用。
2. 砂锅中注入适量清水烧开。
3. 倒入洗净的桑叶，拌匀。
4. 盖上盖，小火炖 15 分钟，至其析出有效成分。
5. 揭开盖，捞出桑叶。
6. 倒入洗净的黑豆，放入海带、姜片，搅拌匀。
7. 盖上盖，用小火炖 30 分钟。
8. 揭开盖，加入少许食用油、盐。
9. 搅拌均匀，至食材入味。
10. 关火后盛出炖煮好的食材，装入碗中，撒上葱花即可。

喂养小贴士

桑叶含有黄酮类、生物碱、植物甾醇和桑叶多糖等成分，有祛风清热、凉血明目的功效。

四季豆烧排骨

材料：

去筋四季豆 200 克
排骨 300 克
姜片、蒜片、
葱段各少许

调料：

盐、鸡粉各 1 克
生抽、料酒各 5 毫升
水淀粉、食用油各适量

做法：

❶ 洗净的四季豆切段。
❷ 沸水锅中倒入洗好的排骨。
❸ 汆煮一会儿至去除血水及脏污，然后捞出沥干待用。
❹ 热锅注油，倒入姜片、蒜片、葱段，爆香。
❺ 倒入汆好的排骨，稍炒均匀。
❻ 加入生抽、料酒，将食材翻炒均匀。
❼ 注入适量清水，拌匀，倒入切好的四季豆，炒匀。
❽ 加盖，用中火焖 15 分钟至食材熟软入味。
❾ 揭盖，加入盐、鸡粉，炒匀。
❿ 用水淀粉勾芡，将食材炒至收汁即可装盘。

喂养小贴士

四季豆具有调和脏腑、安养精神、益气健脾、消暑化湿、利水消肿等功效。

海带拌腐竹

材料：

水发海带 120 克，胡萝卜 25 克，水发腐竹 100 克

调料：

盐 2 克，鸡粉少许，生抽 4 毫升，陈醋 7 毫升，芝麻油适量

喂养小贴士

真腐竹是淡黄色的，且有一定的光泽，通过光线能看到纤维组织。假腐竹是一块白、一块黄、一块黑，且看不出纤维组织。

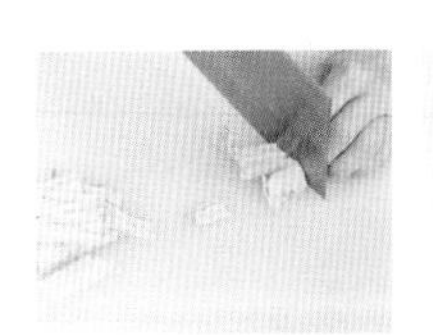

❶ 将洗净的腐竹切段。

❷ 洗好的海带切细丝。

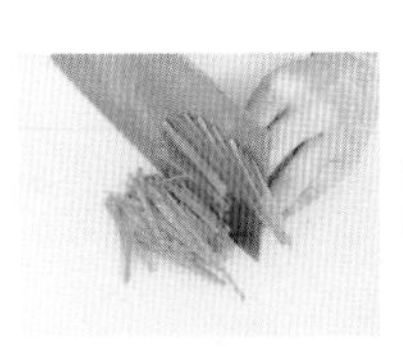

❸ 洗净去皮的胡萝卜切片，改切成丝，备用。

❹ 锅中注入适量清水烧开，放入腐竹段，拌匀。

❺ 略煮一会儿，至其断生后捞出沥干，待用。

❻ 沸水锅中再倒入海带丝，搅散。

❼ 用中火煮约 2 分钟，捞出材料，沥干水分，待用。

❽ 腐竹段和海带丝装大碗，撒上胡萝卜丝，拌匀。

❾ 加入少许盐、鸡粉、生抽、陈醋、少许芝麻油。

❿ 匀速地搅拌一会，至食材入味，盛入盘中即成。

芋头烧肉

喂养小贴士

炒五花肉时可以多煎一会，将里面的油脂炒出来，这样就不会太油腻。

材料：

芋头180克，五花肉220克，姜片、蒜头、葱段各少许

调料：

老抽2毫升，生抽4毫升，料酒4毫升，食用油适量

❶ 芋头洗净去皮切菱形块，五花肉洗净切块。

❷ 热锅注入适量食用油，烧至五成热。

❸ 倒入芋头搅匀，转小火炸3分钟，捞出沥干待用。

❹ 锅底留油烧热，倒入五花肉，翻炒至变色。

❺ 加入老抽，翻炒上色，淋入适量生抽，炒匀。

❻ 放入姜片、蒜头、葱段、料酒，翻炒出香味。

❼ 注入少许清水煮沸，加盖，小火煮约25分钟。

❽ 倒入芋头搅拌匀，加盖，中火焖约 15 分钟。

❾ 揭开盖，搅拌匀，转大火收汁。

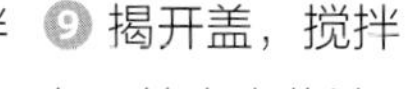

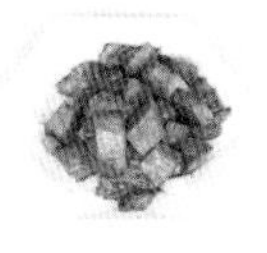

❿ 关火后盛出炒好的菜肴即可。

白菜海带豆腐煲

材料：

海带170克，大白菜150克，豆腐180克，姜片、葱花各少许

调料：

盐3克，鸡粉2克，胡椒粉、料酒、生抽、食用油各适量

做法：

1. 把洗好的豆腐、海带、大白菜切成小块。
2. 将切好的食材装入盘中，备用。
3. 锅底留油，放入姜片爆香。
4. 放入大白菜，淋入少许料酒，翻炒匀。
5. 倒入适量清水，用大火煮沸。
6. 加入适量盐、鸡粉，放入切好的海带。
7. 倒入豆腐搅拌匀，撒上少许胡椒粉，煮约2分钟。
8. 加入少许生抽，拌匀。
9. 将食材和汤盛出，装入砂锅中，于旺火上煮沸。
10. 改小火炖2分钟，揭盖，撒上少许葱花，关火端下即可。

喂养小贴士

好的大白菜包心紧、分量重、底部凸出、根部切口大。

金针菇鸡丝汤

喂养小贴士

金针菇的肉质细嫩，煮的火候不宜过大，否则会破坏其营养物质，用中火煮熟最适宜。

材料：

金针菇300克，鸡胸肉250克，姜片、葱花各10克

调料：

盐、味精、鸡粉、水淀粉、食用油各适量

❶ 鸡胸肉洗净，切细丝。

❷ 鸡肉丝加盐、味精、鸡粉抓匀。

❸ 淋入少许水淀粉，拌匀。

❹ 倒入少许食用油，腌渍至入味。

❺ 洗净的金针菇沥干水分，备用。

❻ 油锅烧热，注入适量清水。

❼ 放入姜片，大火煮至沸。

❽ 加盐、味精、鸡粉调味。

❾ 放入金针菇，煮沸，再倒入肉丝，拌匀。

❿ 拌煮至材料熟透，盛盘，撒上葱花即可。

咖喱南瓜鸡丝汤

材料：

去皮南瓜 200 克

鸡丝肉 100 克

咖喱块 40 克

姜片 2 片

香菜适量

调料：

盐 2 克

做法：

1. 洗净的南瓜切小块。
2. 取出电饭锅，打开盖子，通电后倒入切好的南瓜。
3. 加入洗好的鸡丝。
4. 放入咖喱块。
5. 倒入姜片。
6. 加入适量清水至没过食材，搅拌均匀。
7. 盖上盖子，按下“功能”键，调至“靓汤”状态，煮 45 分钟至汤味浓郁。
8. 按下“取消”键，打开盖子，加入盐。
9. 放入洗净的香菜。
10. 搅匀调味，断电装碗即可。

喂养小贴士

新鲜的鸡肉不粘手，外表微干；而久放的外表干燥，粘手。

白果老鸭汤

材料：

鸭肉块 350 克

白果仁 100 克

料酒 20 毫升

姜片 6 克

调料：

盐 2 克

做法：

1. 锅中注水烧开，放入洗净的白果仁，煮约 1 分钟至断生。
2. 捞出煮好的白果仁，沥干水分，装盘待用。
3. 另起锅，注入适量清水烧开，放入鸭肉块。
4. 汆煮约 2 分钟至去除腥味和脏污，捞出沥干待用。
5. 锅中倒入汆煮好的鸭肉块，注入适量清水。
6. 煮约 2 分钟至略微沸腾，加入姜片，倒入料酒，搅匀。
7. 煮约 2 分钟至沸腾，掠去浮沫。
8. 加盖，小火炖 1 小时至食材熟软、汤汁入味。
9. 揭盖，加入白果，煮约 1 分钟至沸腾。
10. 加盖，炖 5 分钟至白果熟软，加盐，搅匀，关火即可。

香菇红枣鸡汤

材料：

鸡胸肉 100 克

香菇 20 克

豆腐 50 克

红枣 15 克

枸杞 3 克

姜丝、香菜各少许

调料：

盐 3 克

做法：

1. 豆腐对半切开，切条，改切成丁。
2. 洗净的香菇切片。
3. 鸡胸肉切粗条，再切成细条，改切成丁。
4. 洗净的红枣切开去核，切成两半。
5. 将鸡胸肉丁、香菇、豆腐倒入焖烧罐中。
6. 注入刚煮沸的清水至八分满。
7. 盖上盖，摇晃片刻，静置 1 分钟，使得食材和焖烧罐充分预热。
8. 揭盖，将水倒入备好的碗中。
9. 往焖烧罐中倒入红枣、姜丝、枸杞，再次注入开水至八分满。
10. 旋紧盖子，焖 4 个小时，揭盖，加盐，搅匀，盛出，撒上香菜即可。

喂养小贴士

鸡肉含有丰富的蛋白质、微量元素等营养成分，并且脂肪含量比较低。

海带排骨汤

材料：

排骨 260 克

水发海带 100 克

姜片 4 克

调料：

盐 3 克

鸡粉 2 克

料酒 5 毫升

做法：

1. 泡好的海带切小块，装盘待用。
2. 沸水锅中倒入洗好的排骨，汆煮一会儿至去除血水和脏污。
3. 捞出汆好的排骨，沥干水分，装碗待用。
4. 取出电饭锅，打开盖子，通电后倒入汆好的排骨。
5. 放入切好的海带。
6. 加入料酒与姜片。
7. 加入适量清水至没过食材，搅拌均匀。
8. 盖上盖子，按下“功能”键，调至“蒸煮”状态，煮 90 分钟至食材熟软。
9. 按下“取消”键，打开盖子，加入盐、鸡粉。
10. 搅匀调味，断电装盘即可。

喂养小贴士

海带具有降血脂、降血糖、调节免疫力、抗凝血、抗肿瘤、排铅解毒和抗氧化等功能。

白萝卜海带汤

材料：

白萝卜200克，海带180克，姜片、葱花各少许

调料：

盐2克，鸡粉2克，食用油适量

做法：

1. 将洗净去皮的白萝卜切成片，改切成丝。
2. 洗好的海带切方块，再切成丝。
3. 用油起锅，放入姜片，爆香。
4. 倒入白萝卜丝，炒匀。
5. 注入适量清水。
6. 盖上盖，烧开后煮3分钟至熟。
7. 揭盖，稍搅拌，倒入海带，拌匀，煮沸。
8. 放入适量盐、鸡粉。
9. 用勺搅匀，煮沸。
10. 把煮好的汤料盛出，装入碗中，放上葱花即可。

喂养小贴士

白萝卜丝易煮熟，所以焯煮的时间不宜过长，否则会影响汤品的口感。

南瓜胡萝卜浓汤

材料：

南瓜200克，胡萝卜150克，浓缩鸡汁8克，淡奶油30克，罗勒叶少许

调料：

白糖2克，橄榄油、盐各少许

做法：

1. 洗净去皮的南瓜切成片。
2. 洗净去皮的胡萝卜对切开，切成片，待用。
3. 橄榄油倒入奶锅烧热，放入南瓜、胡萝卜炒匀。
4. 注入适量清水，搅拌匀。
5. 倒入浓缩鸡汁，搅拌调味。
6. 加盖，小火煮15分钟至熟透，盛入碗中待用。
7. 把汤倒入榨汁机，将食材打碎。
8. 奶锅置于灶上，倒入从榨汁机中倒出的汤，加热片刻。
9. 放入盐、白糖，搅拌调味。
10. 放入罗勒叶，搅匀，倒入淡奶油，搅拌均匀即可。

喂养小贴士

南瓜含有瓜氨酸、精氨酸、胡萝卜素、抗坏血酸、葡萄糖、蔗糖、甘露醇及多种矿物质。

杂菌虾仁汤

材料：

金针菇30克，香菇30克，杏鲍菇50克，虾仁60克，葱花2克

调料：

盐2克，料酒3毫升，食用油3毫升

喂养小贴士

正常的虾体形弯曲，虾壳和肉紧密相连。如果觉得壳与肉比较松懈，则可能已经不太新鲜。

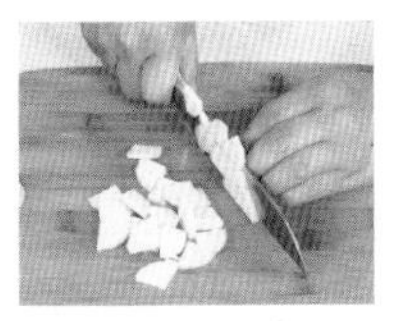

❶ 杏鲍菇对半切开后再切成片。

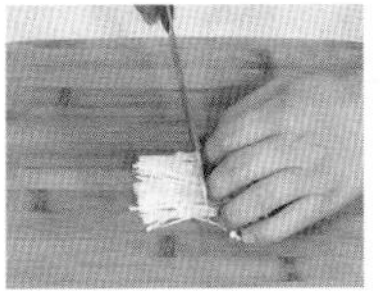

❷ 金针菇去根，拦腰切开。

❸ 香菇洗净去柄，切片。

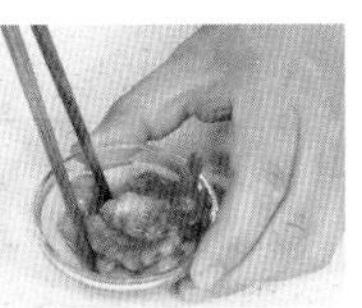

❹ 虾仁中加入料酒、盐、食用油，腌渍10分钟。

❺ 碗中放入杏鲍菇、香菇、金针菇、虾仁，拌匀。

❻ 将食材转移到备好的杯中。

❼ 将200毫升清水倒入杯中，盖上保鲜膜。

❽ 电蒸锅注水烧开，放上杯子。

❾ 盖上盖，蒸15分钟。

❿ 取出杯子，揭去保鲜膜，撒上葱花即可。

鸡蓉玉米奶油浓汤

喂养小贴士

奶油可边倒边搅拌，口感会更顺滑。

材料：

鸡胸肉 90 克，淡奶油 50 克，牛奶 60 毫升，玉米粒 70 克

调料：

盐、鸡粉、白糖各 1 克，橄榄油适量

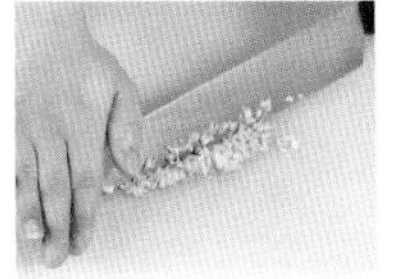

❶ 洗净的玉米粒剁碎。

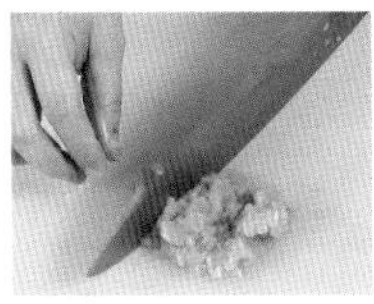

❷ 鸡胸肉洗净，剁碎成鸡肉蓉。

❸ 锅置火上，倒入橄榄油，烧热，放入鸡肉蓉。

❹ 炒约 2 分钟至转色。

❺ 倒入玉米碎，翻炒均匀。

❻ 倒入牛奶，搅拌均匀。

❼ 注入少许清水，搅匀。

❽ 用小火煮至沸腾，加入盐、鸡粉、白糖。

❾ 搅匀调味，加入淡奶油。

❿ 搅拌至汤味浓郁，装碗即可。

牛肉蔬菜汤

材料：

土豆150克，洋葱150克，西红柿100克，牛肉200克，蒜末、葱段各少许

调料：

盐、鸡粉各3克，料酒10毫升，水淀粉适量

做法：

1. 洗好的西红柿、牛肉切片。
2. 洗净去皮的土豆切片，洋葱切块。
3. 牛肉装碗中，加盐、鸡粉、料酒，拌匀，倒入水淀粉，拌匀，腌渍10分钟。
4. 沸水锅中倒入切好的土豆，煮1分钟至断生。
5. 放入切好的洋葱，煮约2分钟至食材熟软。
6. 加入葱段、蒜末，拌匀。
7. 倒入切好的西红柿，拌匀。
8. 加入腌好的牛肉，拌匀，煮2分钟至食材熟透。
9. 加入盐、鸡粉，拌匀。
10. 撇去浮沫，即可关火装碗。

喂养小贴士

牛肉具有补中益气、滋养脾胃、强健筋骨、止渴止涎等功效。

苹果红薯甜汤

材料：

去皮红薯 50 克，去皮苹果 50 克，海底椰 5 克

调料：

冰糖 20 克

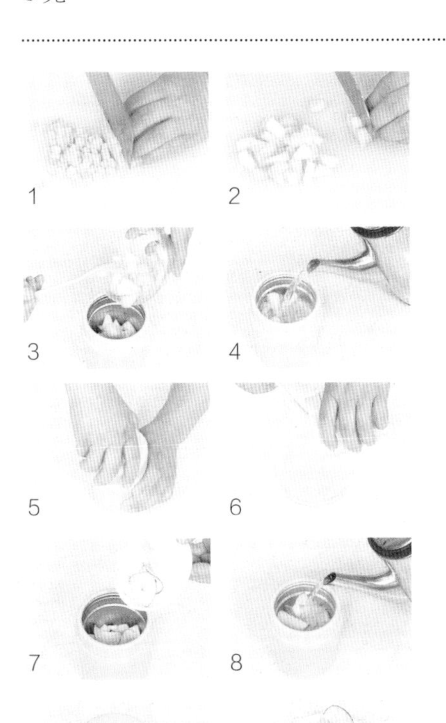

做法：

1. 红薯切片，切条，改切成丁。
2. 苹果切成两半，去核，切小瓣，改切成丁。
3. 将红薯丁、苹果丁倒入焖烧罐中。
4. 注入刚烧开的清水至八分满。
5. 旋紧盖子，摇晃片刻，静置 1 分钟，使得食材和焖烧罐充分预热。
6. 揭盖，将开水倒出。
7. 接着往焖烧罐中倒入海底椰、冰糖。
8. 注入煮沸的清水至八分满。
9. 旋紧盖子，焖 2 个小时。
10. 揭盖，盛出焖好的汤水，放入碗中即可。

喂养小贴士

红薯含有蛋白质、碳水化合物、膳食纤维、钙、镁、铁等营养成分。

紫薯百合银耳羹

材料：

水发银耳 180 克

鲜百合 50 克

紫薯 120 克

调料：

白糖 15 克

水淀粉 10 毫升

食粉适量

做法：

1. 洗净的紫薯对半切开，切成条，再切成丁。
2. 锅中注入适量清水烧开，加入少许食粉，放入洗净的银耳，搅拌匀，煮 2 分钟。
3. 将煮好的银耳捞出，沥干水分，备用。
4. 砂锅中注入适量清水烧开，放入切好的紫薯。
5. 倒入鲜百合、银耳，搅拌均匀。
6. 盖上锅盖，用小火炖 15 分钟。
7. 揭开锅盖，加入适量白糖，搅匀，煮至白糖溶化。
8. 倒入少许水淀粉。
9. 用勺搅至汤汁黏稠。
10. 盛出煮好的汤料，装入碗中即可。

喂养小贴士

优质银耳花朵软润硕大，间隙均匀，质感蓬松，肉质比较肥厚，没有杂质、霉斑等。

葡萄干糙米羹

材料：

葡萄干 30 克

糙米 25 克

调料：

冰糖 20 克

水淀粉适量

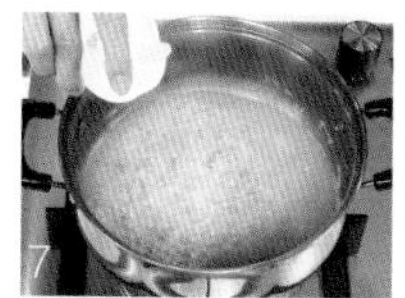

做法：

❶ 锅中加入约 800 毫升清水。
❷ 盖上锅盖，用大火将水烧开。
❸ 揭开锅盖，将洗好的糙米倒入锅中。
❹ 再把洗净的葡萄干倒入锅中。
❺ 盖上锅盖，转小火煮 40 分钟至锅中材料熟透。
❻ 揭开锅盖，用锅勺轻轻搅拌一会儿。
❼ 将冰糖倒入锅中，再煮约 2 分钟至冰糖完全溶化。
❽ 向锅内淋入少许水淀粉，进行勾芡。
❾ 并用锅勺轻轻搅匀。
❿ 起锅，将煮好的甜羹盛入碗中即可。

喂养小贴士

糙米富含蛋白质、膳食纤维、多种维生素、钙、铁、磷等成分。

太湖银鱼羹

材料：

鲜香菇30克，银鱼50克，蛋清适量，香菜末、姜丝各少许

调料：

盐、鸡精、味精、料酒、猪骨汁、水淀粉、芝麻油、食用油各适量

做法：

1. 把洗净的香菇去蒂，再改切成细丝。
2. 锅中倒入适量清水，加入少许盐、鸡精、食用油，拌匀煮沸。
3. 再放入香菇，焯煮至熟，捞出备用。
4. 炒锅置于火上，倒入少许食用油烧热，放入姜丝，煸炒香。
5. 再放入洗净的银鱼。
6. 淋入少许料酒，翻炒匀。
7. 注入适量清水，倒入香菇。
8. 加盐、味精、鸡精、猪骨汁，拌匀入味。
9. 煮沸后倒入适量的水淀粉，再倒入蛋清，拌匀。
10. 淋入少许芝麻油，撒上香菜末，拌匀即可。

喂养小贴士

将芝麻油加热后再淋入锅中炒匀，菜的香味会更浓，色泽也会更鲜丽。

枸杞莲子红枣银耳羹

材料：

枸杞3克，水发莲子15克，红枣20克，水发银耳30克

调料：

冰糖20克，水淀粉适量

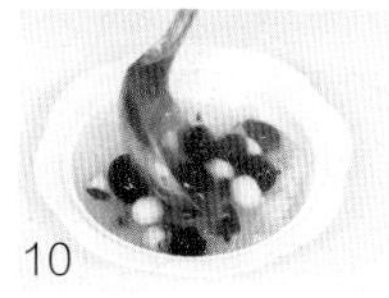

做法：

1. 锅中加入约850毫升清水，用大火烧开。
2. 倒入洗好的莲子、红枣和银耳。
3. 用勺子轻轻搅拌一会儿。
4. 加盖，改成慢火煮约20分钟至熟透。
5. 揭盖，加入适量冰糖。
6. 再盖上锅盖，煮5分钟至入味。
7. 揭盖，放入枸杞，用锅勺拌匀。
8. 再加入少许水淀粉勾芡，制成羹。
9. 再用勺子搅拌直至糖水熟透。
10. 盛出做好的羹即可。

喂养小贴士

枸杞含丰富的维生素、钙、铁等对眼睛有益的营养元素，因此具有明目的作用。

南瓜绿豆银耳羹

喂养小贴士

在炖煮的过程中，若有浮沫就要及时捞出。

材料：

银耳 60 克，南瓜 50 克，绿豆 20 克，水淀粉适量

调料：

冰糖 30 克

做法：

1. 南瓜切小粒，银耳剁碎。
2. 锅中加入约 900 毫升清水，煮沸。
3. 将泡发好的绿豆倒入锅中，加盖煮至绿豆涨开。
4. 将南瓜粒、银耳倒入锅中，煮 15 分钟。
5. 倒入冰糖，煮至溶化。
6. 在锅中加入水淀粉，拌匀盛出。

海带豆腐菌菇粥

喂养小贴士

海带富含蛋白质、碘、钾、钙、铁、维生素等营养元素。

材料：

海带 120 克，平菇 30 克，鲜香菇 40 克，豆腐 90 克，水发大米 170 克，姜丝、葱花各少许

调料：

盐 3 克，鸡粉、胡椒粉、芝麻油各适量

做法：

1. 豆腐切丁，平菇切小块，香菇切小块，海带切条。
2. 砂锅中倒入大米，煮至熟软。
3. 揭盖，下入少许姜丝，倒入豆腐丁、平菇、海带、香菇，搅匀。
4. 加入适量盐、鸡粉、胡椒粉、芝麻油，拌匀后煮 5 分钟左右至熟即可。

肉末西葫芦粥

喂养小贴士

米粥快熟时要不时搅动，以免煳锅。

材料：

西葫芦120克，肉末100克，水发大米100克，葱花少许

调料：

盐2克，鸡粉2克，芝麻油2毫升

做法：

1. 西葫芦切丁，大米煮成粥。
2. 粥中倒入西葫芦、肉末，煮熟。
3. 揭盖，放入适量盐、鸡粉，搅拌均匀。
4. 倒入切好的西葫芦，搅拌匀。
5. 淋入芝麻油，搅拌至入味。
6. 关火盛入碗中，撒上葱花即可。

鸡丝木耳粥

喂养小贴士

木耳宜用温水泡发，泡发后仍然紧缩在一起的部分不宜食用。

材料：

水发木耳35克，鸡胸肉120克，水发大米150克，姜丝、葱花各少许

调料：

盐3克，鸡粉3克，胡椒粉少许，水淀粉3毫升，食用油适量

做法：

1. 木耳、鸡胸肉分别洗净切丝。
2. 洗好的鸡胸肉切片，改切成丝。
3. 鸡肉丝中加入盐、鸡粉、水淀粉、食用油，抓匀。
4. 大米熬成粥，加入姜丝、木耳、鸡肉丝，搅拌均匀。
5. 加盐、鸡粉、胡椒粉，搅匀盛出即可。

山药鸡丝粥

喂养小贴士

山药具有益气养阴、补脾益肾、止咳润肺等作用。

材料：

水发大米120克，上海青25克，鸡胸肉65克，山药100克

调料：

盐3克，鸡粉2克，料酒3毫升，水淀粉、食用油各适量

做法：

1. 上海青切碎，鸡肉切丝，山药切丁。
2. 洗好的鸡胸肉切片，改切细丝。
3. 鸡肉丝中加入盐、鸡粉、水淀粉、食用油，抓匀。
4. 大米熬成粥，加山药丁续煮15分钟。
5. 撒上鸡丝肉，加少许盐、鸡粉调味，撒上海青，煮熟即可。

核桃木耳粳米粥

喂养小贴士

看核桃皮上的花纹，如果花纹相对多且浅，一定是不错的核桃。

材料：

大米200克，水发木耳45克，核桃仁20克，葱花少许

调料：

盐2克，鸡粉2克，食用油适量

做法：

1. 木耳切小块。
2. 锅中注入清水，加入大米、木耳、核桃仁，加少许食用油拌匀。
3. 盖上盖，用小火煲30分钟。
4. 揭盖，加入适量盐、鸡粉，搅拌均匀。
5. 将煮好的粥盛出，装入碗中，撒上葱花即成。

南瓜木耳糯米粥

喂养小贴士

木耳切好后用温水泡一会儿，能改善成品的口感。

材料：

水发糯米 100 克，水发黑木耳 80 克，南瓜 50 克，葱花少许

调料：

盐、鸡粉各 2 克，食用油少许

做法：

1. 南瓜切丁，木耳切碎。
2. 砂锅中倒入清水烧开，放入糯米、黑木耳，加盖，用小火煮约 30 分钟。
3. 揭盖，倒入南瓜丁，续煮 15 分钟。
4. 揭盖，加入少许盐、鸡粉，拌匀调味。
5. 淋入少许食用油，转中火拌煮至入味。
6. 关火盛出，撒上葱花即可。

桑葚枸杞蒸蛋羹

喂养小贴士

桑葚可以事先用凉水浸泡，能更好地析出有效成分。

材料：

鸡蛋 3 个，桑葚子 15 克，枸杞 8 克，肉末 40 克，核桃 20 克

调料：

盐 2 克

做法：

1. 将桑葚子倒入沸水中煮约 15 分钟，倒出汁水。
2. 鸡蛋打散，核桃压碎，备用。
3. 将肉末、核桃碎、枸杞、盐倒入蛋液中，拌匀，再倒入桑葚汁，用保鲜膜封口。
4. 鸡蛋倒入碗中，搅散打匀。
5. 电蒸锅注水烧开上气，放入蛋羹。
6. 待 15 分钟后将蛋羹取出即可。

Chapter 4　四季食谱：让宝宝每个季节都强壮

四季交替，转眼又过一个春夏。宝宝在爸爸妈妈的精心呵护之下，又长大了一岁。每一个季节都是造物者带给宝宝的惊喜，让宝宝接触新的事物、品尝不同美食、感受美妙的世界！

宝宝四季饮食要点

遵循宝宝在不同季节的成长规律，让四季给宝宝带来舌尖上的惊喜吧！

春季 宝宝的饮食要点

春季是万物生长的时期，也是宝宝长身体的最佳时期。这个季节又有哪些饮食要点呢？

春天天气干燥，一定要给宝宝补充足够的水分，每天规定宝宝要饮用多少水，还可适量添加蜂蜜，并督促其完成。

饮食上要少辛辣、少味精、少色素、轻盐轻油等，多吃一些鱼虾、鸡蛋、牛奶、豆制品等含钙量丰富的食品，这样可促进宝宝骨骼生长。

蛋白质的补充可选择瘦肉、小米等，是身体机能生长发育的重要物质；维生素和身体所需的微量元素则选择各种蔬菜瓜果来补充。

春季也是过敏易发期，除却百花盛开，花粉、柳絮等颗粒状带来的过敏，也需要注意宝宝是否对海鲜、鱼虾产生过敏，从而选择正确的饮食。

夏季 宝宝的饮食要点

夏季随汗液会流失较多的维生素 C 和维生素 B_1、B_2，这会导致困乏、抵抗力下降，而补充的最好办法是多吃蔬菜、水果、豆子和粗粮及牛奶等，少吃多餐，食物需清单爽口，花样可以丰富一些。

水分是身体运行所必需，宝宝每日从乳类和食物中所获得的水分并不能满足身体所需，不能等渴了再找水喝，因为这个时候体内的细胞已有脱水的现象了。喝水也需遵循少量多次的原则，尽量给宝宝饮用凉白开，同时水果、汤粥也不能少。宝宝的胃肠道功能尚未发育健全，黏膜、血管及有关器官正常运作时，会对外界冰冷的刺激产生不适，吃冰可能会引起腹痛腹泻、咽喉肿痛、咳嗽等症状，所以切忌因贪凉而暴食冷饮。

秋季 宝宝的饮食要点

秋季是从炎热到寒冷的过渡季，天气变化大，昼夜温差高，宝宝的抵抗力较差，就尤其要注意天气变化带来的身体不适，要多食汤水，多饮凉开水，润肺护肝，补充维生素等。

在饮食上，应由夏季清凉去火过渡到秋季防干防燥。凉性的水果如西瓜、黄瓜、香瓜等要少吃，但解暑汤粥如绿豆汤、莲子粥、百合粥等还可适量饮用，既能消暑、敛汗补液，还能增进食欲。

秋季要收肺气，饮食遵循“少辣多酸”，避免肺气过盛伤肝。中医认为，白色食物与肺部对应，应多食，如梨、百合、银耳、莲子、山药等，可清热润肺。“秋季进补，冬令打虎”，宝宝可通过食补来提高身体免疫力，除了每日必要的进食之外，还可以给宝宝食用核桃、榛果、花生等富含维生素的食物，有利于健脑提神、恢复体力。

另外宝宝的消化系统还很脆弱，秋季各色水果上市，虽然水果含有丰富的水分、维生素、纤维等，但是一定要注意食量，以免给宝宝的消化系统造成负担，脾胃虚寒的孩子更应注意吃水果要适量，避免“秋瓜坏肚”。

冬季 宝宝的饮食要点

冬季天气寒冷，也是一些传染病的多发期。

因为天气寒冷的原因，宝宝的新陈代谢变快，为了满足身体所需热量，可准备富含碳水化合物、脂肪、蛋白质的食物，例如鸡鸭鱼肉、禽蛋类、牛肉、豆制品等，烹调方式也要以煲、烩、炖为主，菜肴口味也可以做的厚重一点，以提供更多的热量。

而冬季为了避免着凉，很多活动主要都在室内，少见阳光，长期如此可能会导致维生素 D 的缺乏。还需注意适量，如鱼肝油、沙丁鱼、鲱鱼、鲑鱼、鲔鱼、牛奶、奶制品等就含有丰富的维生素 D，但不可多补，否则会出现食欲下降、恶心消瘦等现象。

另外还需多吃蔬菜，如菠菜、芹菜、玉米等，以补充膳食纤维；而山药、土豆、红薯等根茎类蔬菜可补充无机盐，提高宝宝御寒能力。

食补代替药补，让宝宝能够健康快乐地成长！

芦笋炒莲藕

材料：

芦笋100克，莲藕160克，胡萝卜45克，蒜末、葱段各少许

调料：

盐3克，鸡粉2克，水淀粉3毫升，食用油适量

喂养小贴士

焯煮莲藕时，可以放入少许白醋，以免藕片氧化变黑，影响成品外观。

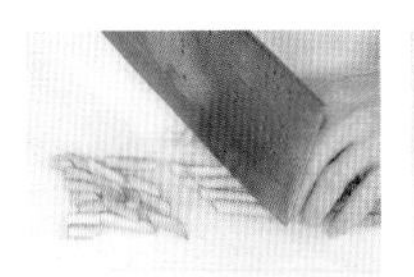

❶ 将洗净的芦笋去皮，改切成段。

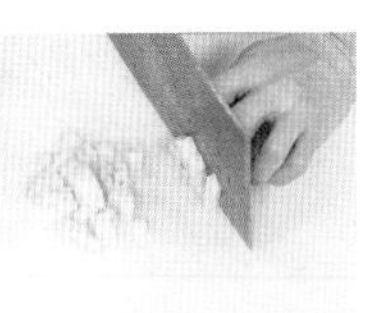

❷ 洗好去皮的莲藕切厚片，再切条，改切成丁。

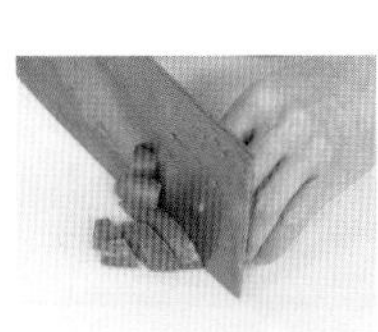

❸ 洗净的胡萝卜去皮，切成条，改切成丁。

❹ 锅中注入适量清水烧开，加少许盐。

❺ 再放入胡萝卜，搅匀，煮1分钟。

❻ 把焯过水的藕丁和胡萝卜丁捞出，待用。

❼ 用油起锅，放入蒜末、葱段，爆香。

❽ 放入芦笋，倒入藕丁和胡萝卜丁，翻炒均匀。

❾ 加入适量盐、鸡粉，炒匀调味。

❿ 倒入适量水淀粉，快速拌炒均匀，盛出即可。

浇汁莲藕

材料：

莲藕 120 克，葱花少许

调料：

盐 2 克，白糖 5 克，番茄酱 25 克，白醋、水淀粉、食用油各适量

做法：

1. 将去皮洗净的莲藕切成片，浸入清水中，待用。
2. 锅中注入适量清水，用大火烧开，淋上少许白醋。
3. 放入藕片，搅动几下，再煮约 1 分钟至断生。
4. 捞出煮好的藕片，沥干水分，待用。
5. 用油起锅，注入少许清水。
6. 撒上白糖，加入盐，再放入适量番茄酱。
7. 快速搅拌匀，煮一会至白糖溶化。
8. 倒入少许水淀粉，搅拌匀，制成稠汁。
9. 再下入焯煮过的藕片，翻炒至入味。
10. 关火后将炒好的菜盛出，趁热撒上葱花即成。

喂养小贴士

幼儿食用莲藕，不仅能补充所需的铁元素，还能改善食欲不振、营养不良等病症。

香椿芝麻酱拌面

材料：

切面 400 克

鸡蛋 1 个

去头尾的黄瓜 1 根

香椿 85 克

白芝麻、蒜末各适量

调料：

生抽 7 毫升

盐 2 克

芝麻油、芝麻酱各适量

做法：

1. 锅中注入水烧开，放入香椿，焯软，捞出沥干。
2. 把放凉的香椿切碎。
3. 洗净的黄瓜对半切开，再切片，改切成粗丝。
4. 香椿中加入蒜末，淋入少许芝麻油，拌匀。
5. 把芝麻酱放入碟子里，加入适量的盐、生抽，注入少许温开水，搅散。
6. 锅中注水烧开，放入切面，拌匀，煮至熟软。
7. 捞出面条，放在凉开水中，浸泡片刻。
8. 锅中留面汤煮沸，打入鸡蛋，用中小火煮至其凝固，捞出待用。
9. 取一个盘子，放入沥干水的切面、香椿。
10. 倒入黄瓜、芝麻酱、白芝麻，摆上荷包蛋即可。

喂养小贴士

香椿具有增强免疫力、润滑肌肤、健脾开胃、增进食欲等功效。

韭菜肉丝炒面

材料：

熟刀削面 200 克
瘦肉 70 克
韭菜 40 克
辣椒酱 45 克
葱段、蒜末各少许

调料：

盐、鸡粉、
白胡椒粉各 2 克
生抽、料酒、
水淀粉各 5 毫升
食用油适量

做法：

❶ 洗净的韭菜切小段。
❷ 洗好的瘦肉切片，切丝，装碗。
❸ 加入少许盐、鸡粉、料酒、白胡椒粉和水淀粉，拌匀，倒入少许油，腌渍 10 分钟至入味。
❹ 热锅注油，倒入腌好的瘦肉丝。
❺ 炒匀至转色，放入蒜末、葱段、辣椒酱，将食材炒香。
❻ 倒入熟刀削面。
❼ 加入生抽、盐、鸡粉，炒约 1 分钟至入味。
❽ 倒入切好的韭菜。
❾ 翻炒 1 分钟至熟软。
❿ 关火后盛出炒面，装盘即可。

喂养小贴士

猪肉具有补肾养血、滋阴润燥、补中益气等功效。

韭菜炒核桃仁

材料：

韭菜 200 克，核桃仁 40 克，彩椒 30 克

调料：

盐 3 克，鸡粉 2 克，食用油适量

做法：

❶ 将洗净的韭菜切成段。

❷ 洗好的彩椒切成粗丝。

❸ 锅中注入适量清水烧开，加入少许盐，倒入核桃仁，搅匀，煮约半分钟，捞出沥干。

❹ 用油起锅，烧至三成热，倒入核桃仁，略炸片刻。

❺ 至水分全干，捞出，沥干油，待用。

❻ 锅底留油烧热，倒入彩椒丝，用大火爆香。

❼ 放入切好的韭菜，翻炒几下，至其断生，加入少许盐、鸡粉，炒匀调味。

❽ 再放入炸好的核桃仁。

❾ 快速翻炒一会儿，至食材入味。

❿ 关火后盛出炒好的食材，装入盘中即成。

喂养小贴士

核桃仁肉质较嫩，炸的时候油温不宜过高，以免将其炸煳了。

豆芽韭菜炒面

材料：

熟宽面 200 克，绿豆芽 80 克，韭菜 100 克，蒜末少许

调料：

盐、鸡粉各 2 克，生抽 3 毫升，蚝油 3 克，食用油适量

做法：

1. 用油起锅，放入蒜末，爆香。
2. 倒入绿豆芽、熟宽面，炒匀。
3. 放生抽、蚝油、盐、鸡粉，加入切好的韭菜段，炒至熟软，盛出装盘即可。

韭菜苦瓜汤

材料：

苦瓜 150 克，韭菜 65 克

做法：

1. 韭菜切碎，苦瓜切片。
2. 用油起锅，倒入苦瓜，翻炒至变色，倒入韭菜，快速翻炒出香味。
3. 注入适量清水，搅匀，用大火略煮一会儿，至食材变软，关火后盛出即可。

芹菜叶蛋饼

材料：

芹菜叶 50 克，鸡蛋 2 个

调料：

盐 2 克，水淀粉、食用油各适量

做法：

1. 沸水锅放适量食用油、芹菜叶，煮半分钟，捞出切碎。
2. 鸡蛋打散，加入少许盐、水淀粉、芹菜末，搅匀。
3. 烧热煎锅，注入适量食用油，倒入蛋液煎成饼。
4. 转小火，翻转蛋饼，煎至其熟透、呈焦黄色即成。

紫薯银耳大米粥

材料：

大米100克，去皮紫薯150克，水发银耳35克，水发黑豆30克，水发去心莲子30克

调料：

冰糖20克

喂养小贴士

紫薯含有丰富的粗纤维和硒元素等成分，具有促进排便、降低血脂等作用。

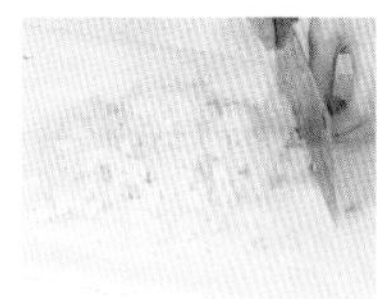

❶ 泡好的银耳切去根部，切小块。

❷ 洗好的紫薯切小块。

❸ 取出电饭锅，通电后倒入泡好的大米。

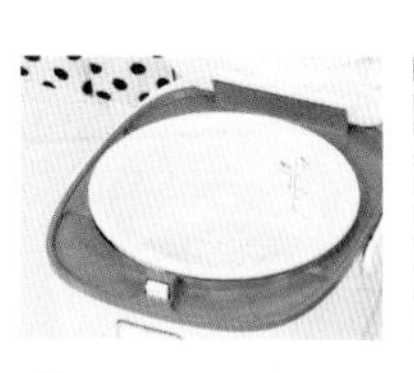

❹ 加入银耳。

❺ 倒入紫薯。

❻ 放入黑豆。

❼ 倒入莲子。

❽ 加入适量清水，放入冰糖，搅拌均匀。

❾ 加盖调至“米粥”状态，煮至成粥。

❿ 按下“取消”键，打开盖子，搅拌一下即可。

鲜奶绿豆糕

材料：

绿豆泥 300 克，牛奶 100 毫升，植物奶油 150 克，鱼胶粉 50 克

调料：

白糖 70 克

1

2

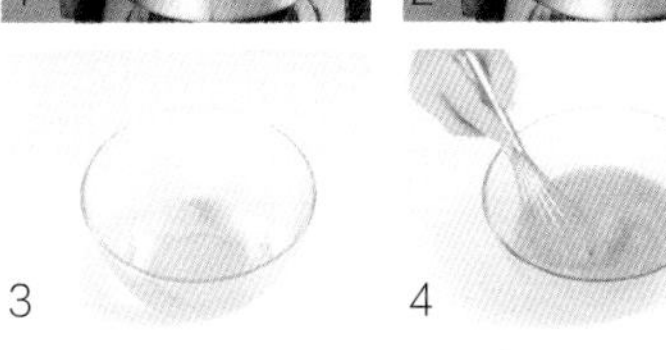
3　4

5

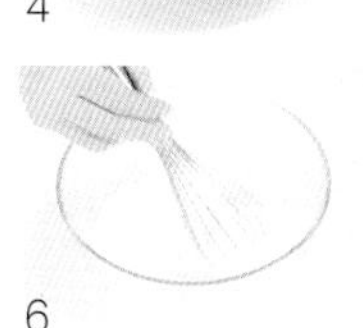
6

7

8

9

10

做法：

❶ 将清水倒入锅中烧开，改用小火，倒入白糖。
❷ 加入鱼胶粉，搅匀，煮至溶化。
❸ 盛出 2/3 白糖鱼胶水装入碗中。
❹ 加入绿豆泥，搅拌，混合成浆。
❺ 把浆倒入贴有保鲜膜的模具里，放入冰箱冷冻 1 小时，冻至成形。
❻ 把剩余的白糖鱼胶倒入碗中，加入植物奶油、牛奶，搅匀，制成鲜奶浆。
❼ 取绿豆糕，盛入鲜奶浆，放入冰箱冷冻 1 小时。
❽ 将冻好的鲜奶绿豆糕取出，脱模，去保鲜膜。
❾ 去掉边角料，切成小块。
❿ 装入盘中即可。

喂养小贴士

除鱼胶粉外，还可以用马蹄粉代替，也能起到凝胶效果。

百合雪梨银耳羹

材料：

银耳 100 克

百合 25 克

去皮雪梨 1 个

枸杞 5 克

调料：

冰糖 10 克

做法：

1. 洗净的雪梨取果肉，切小块。
2. 将泡好的银耳根部去除，切小块。
3. 取出电饭锅，打开盖子，断电后放入银耳。
4. 倒入切好的雪梨。
5. 放入洗净的百合。
6. 倒入洗好的枸杞。
7. 加入冰糖。
8. 倒入适量清水，搅拌一下。
9. 盖上盖子，按下“功能”键，调至“甜品汤”状态，煮 2 小时至食材熟软入味。
10. 按下“取消”键，打开盖子，搅拌一下，装碗即可。

喂养小贴士

银耳性平味甘，滋补效果良好，富含维生素 D，对生长发育十分有益。

苹果牛奶粥

材料：

水发大米 150 克

排骨 120 克

黄瓜 70 克

苹果 50 克

胡萝卜 30 克

牛奶 400 毫升

做法：

1. 洗净的黄瓜切成条形，去瓤，切成小块。
2. 洗好的胡萝卜切成片，再切条形，改切成小块。
3. 洗净去皮的苹果切小瓣，去核，将果肉切成小块，备用。
4. 砂锅注入适量清水烧热，倒入苹果块。
5. 煮至水沸，倒入洗好的大米，搅拌匀。
6. 盖上锅盖，烧开后用小火煮约 15 分钟。
7. 揭开锅盖，倒入胡萝卜，搅拌均匀。
8. 盖上盖，用中火续煮约 20 分钟至食材熟软。
9. 揭开锅盖，倒入黄瓜，略煮一会儿。
10. 倒入牛奶，搅拌均匀，转大火略煮片刻即可。

喂养小贴士

苹果具有生津止渴、润肺除烦、健脾益胃、养心益气等功效。

南瓜莲子荷叶粥

材料：

南瓜 90 克，水发莲子 80 克，水发大米 40 克，枸杞 12 克，干荷叶 10 克

调料：

冰糖 40 克

做法：

1. 将洗净去皮的南瓜切片，再切条形，改切成小丁块。
2. 洗好的莲子去除莲心。
3. 锅中注入适量清水烧开。
4. 放入洗净的干荷叶，倒入处理好的莲子。
5. 再倒入洗好的大米，拌匀，撒上枸杞，拌匀。
6. 盖上盖，用大火煮沸，再转小火煮约 30 分钟，至米粒变软。
7. 揭盖，倒入南瓜丁，拌匀，加入冰糖，拌匀。
8. 加盖，小火续煮约 10 分钟，至冰糖完全溶化。
9. 关火后揭开盖，搅拌几下。
10. 再盛出煮好的莲子荷叶粥，装入汤碗中即成。

喂养小贴士

南瓜含有较多的锌元素，能参与人体内核酸、蛋白质的合成，是肾上腺皮质激素的固有成分。

百合绿豆粥

材料：

水发大米 80 克，水发绿豆 50 克，水发小西米 30 克，水发百合 15 克

调料：

冰糖适量

做法：

1. 取电饭锅，倒入大米、绿豆、小西米、百合、冰糖，注入适量清水，蒸煮约 2 小时。
2. 按“取消”键断电，稍稍搅拌至入味，盛出即可。

白及荸荠煮萝卜

材料：

马蹄肉 270 克，胡萝卜 120 克，白及、姜片、葱段各少许

调料：

盐、鸡粉各 2 克，芝麻油适量

做法：

1. 胡萝卜切成菱形块，备用。
2. 砂锅中注水烧热，倒入白及、胡萝卜、马蹄肉，放入姜片、葱段，拌匀，加盖烧开，用小火煮约 35 分钟。
3. 揭开盖，加入调料，拌匀即可。

冬瓜绿豆粥

材料：

冬瓜 200 克，水发绿豆 60 克，水发大米 100 克

调料：

冰糖 20 克

做法：

1. 砂锅中注入适量清水烧开，倒入洗净的大米、绿豆，烧开后用小火煮约 30 分钟至熟。
2. 揭盖，放入切成丁的冬瓜，用小火续煮 15 分钟。
3. 揭开锅盖，加入适量冰糖，煮至溶化即可。

秋季宝宝
营养食谱

排骨玉米莲藕汤

材料：

排骨块 300 克，玉米 100 克，莲藕 110 克，胡萝卜 90 克，香菜、姜片、葱段各少许

调料：

盐 2 克，鸡粉 2 克，胡椒粉 2 克

喂养小贴士

夏天食用时还可加入些薏米，口感会更好。

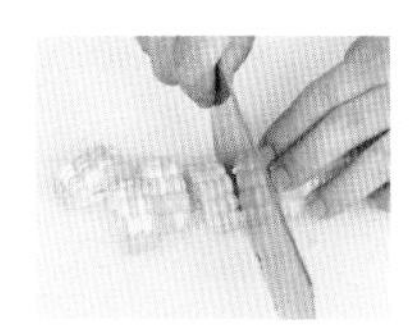

❶ 处理好的玉米对半切开，切成小块。

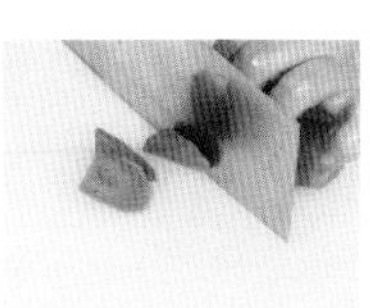

❷ 洗净去皮的胡萝卜切滚刀块。

❸ 洗净去皮的莲藕对切开，切块。

❹ 锅中注水大火烧开，倒入排骨块，汆除血水。

❺ 将排骨块捞出，沥干水分，待用。

❻ 锅中加清水、排骨块、莲藕、玉米、胡萝卜。

❼ 再加入葱段、姜片，拌匀，煮至沸。

❽ 盖上锅盖，转小火煮 2 个小时至食材熟透。

❾ 掀开锅盖，加入盐、鸡粉、胡椒粉，搅拌调味。

❿ 关火，盛出装入碗中，放上香菜即可。

梨藕粥

材料：

水发大米 150 克，雪梨 100 克，莲藕 95 克，水发薏米 80 克

做法：

❶ 将洗净去皮的莲藕切厚片，再切条形，改切成丁。
❷ 洗好去皮的雪梨切小瓣，去除果核，再把果肉切小块，备用。
❸ 砂锅中注入适量清水烧开，倒入洗净的大米。
❹ 再放入洗好的薏米，搅拌匀，使米粒散开。
❺ 加盖煮沸，用小火煮约 30 分钟，至米粒变软。
❻ 揭盖，倒入切好的莲藕、雪梨，搅拌匀。
❼ 加盖，用小火续煮约 15 分钟，至食材熟透。
❽ 取下盖子，轻轻搅拌一会儿。
❾ 关火后盛出煮好的梨藕粥。
❿ 装入汤碗中，待稍微冷却后即可食用。

喂养小贴士

大米用温水泡软后再煮成粥，不仅米粒饱满，而且口感也更好。

木瓜银耳汤

材料：

木瓜 200 克

枸杞 30 克

水发莲子 65 克

水发银耳 95 克

调料：

冰糖 40 克

做法：

❶ 洗净的木瓜切块，待用。
❷ 砂锅注水烧开，倒入切好的木瓜。
❸ 放入洗净泡好的银耳。
❹ 加入洗净泡好的莲子，搅匀。
❺ 加盖，大火煮开后转小火续煮 30 分钟至食材变软。
❻ 揭盖，倒入枸杞。
❼ 放入冰糖。
❽ 搅拌均匀。
❾ 加盖，续煮 10 分钟至食材熟软入味。
❿ 关火后盛出煮好的甜品汤，装碗即可。

喂养小贴士

银耳需事先把黄色根部去除，以免影响口感。

苹果银耳莲子汤

材料：

水发银耳 180 克

苹果 140 克

水发莲子 80 克

瘦肉 75 克

干百合 15 克

陈皮、姜片各少许

水发干贝 25 克

调料：

盐 2 克

做法：

1. 将去皮洗净的苹果切小瓣，去除果核。
2. 洗好的莲子去除莲心，待用。
3. 洗净的瘦肉切块。
4. 锅中注入适量清水烧开，放入肉块，汆煮一会儿，沥干水分，待用。
5. 砂锅中注入适量清水烧热，倒入汆好的肉块，放入切好的苹果。
6. 倒入备好的莲子，放入银耳，撒上干贝、干百合。
7. 放入姜片，倒入洗净的陈皮，搅散、拌匀。
8. 盖上盖，烧开后转小火煮约 120 分钟。
9. 揭盖，加入少许盐，拌匀，改大火略煮。
10. 关火后盛出煮好的银耳汤，装在碗中即成。

喂养小贴士

汆肉块时，可淋上少许料酒，去腥的效果会更好。

莲藕炒秋葵

材料：

去皮莲藕 250 克，去皮胡萝卜 150 克，秋葵 50 克，红彩椒 10 克

调料：

盐 2 克，鸡粉 1 克，食用油 5 毫升

做法：

❶ 洗净的胡萝卜切片。
❷ 洗好的莲藕切片。
❸ 洗净的红彩椒切片。
❹ 洗好的秋葵斜刀切片。
❺ 锅中注水烧开，加入油、盐，拌匀。
❻ 倒入切好的胡萝卜、莲藕、红彩椒、秋葵，拌匀。
❼ 焯煮约 2 分钟至食材断生，捞出焯好的食材，沥干水，装盘待用。
❽ 用油起锅，倒入焯好的食材，翻炒均匀。
❾ 加入盐、鸡粉，炒匀入味。
❿ 关火后盛出炒好的菜肴，装盘即可。

喂养小贴士

莲藕具有清热解毒、消暑、保护血管、增强人体免疫力等功能。

冰糖黑木耳汤

材料：

水发黑木耳 80 克

调料：

冰糖 20 克

做法：

❶ 取电饭锅，注入适量清水，至水位线 1，加入木耳、冰糖，选择“蒸煮”功能，蒸煮 45 分钟。

❷ 按“取消”键断电，搅拌片刻至入味即可。

冰糖梨子炖银耳

材料：

水发银耳 150 克，去皮雪梨半个，红枣 5 颗

调料：

冰糖 8 克

做法：

❶ 泡好的银耳去根切小块，雪梨切小块。

❷ 取电饭锅，倒入银耳、雪梨、红枣、冰糖、适量清水。

❸ 盖上盖子，按下“功能”键，调至“甜品汤”状态，煮 2 小时至食材熟软入味，开锅后搅拌一下即可。

红薯莲子银耳汤

材料：

红薯 130 克，水发莲子 150 克，水发银耳 200 克

调料：

白糖适量

做法：

❶ 银耳洗净，去掉根部，撕成小朵；红薯切丁。

❷ 锅中注水烧开，倒入莲子、银耳，小火煮约 30 分钟。

❸ 倒入红薯丁，小火续煮约 15 分钟至食材熟透，揭盖，加入少许白糖，煮至溶化即可。

玉米胡萝卜鸡肉汤

材料：

鸡肉块350克，玉米块170克，胡萝卜120克，姜片少许

调料：

盐、鸡粉各3克，料酒适量

喂养小贴士

鸡汤里淋点料酒，可使汤水更鲜甜。

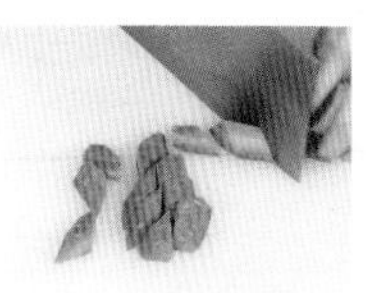

❶ 洗净的胡萝卜切开，改切成小块，备用。

❷ 锅中注入适量清水烧开，倒入洗净的鸡肉块。

❸ 加料酒，拌匀。

❹ 用大火煮沸，汆去血水，撇去浮沫。

❺ 把汆煮好的鸡肉捞出，沥干水分，待用。

❻ 锅中注水烧开，倒入汆过水的鸡肉。

❼ 放入胡萝卜、玉米块。

❽ 撒入姜片，淋入料酒，拌匀。

❾ 盖上盖，烧开后用小火煮约1小时至食材熟透。

❿ 揭盖，放入适量盐、鸡粉，拌匀盛出即可。

鸡肉花生汤饭

材料：

鸡胸肉 50 克，上海青、秀珍菇各少许，软饭 190 克，鸡汤 200 毫升，花生粉 35 克

调料：

盐 2 克，食用油少许

做法：

1. 把洗净的鸡胸肉切条形，再切成肉丁。
2. 洗好的秀珍菇切粗丝，再切成粒。
3. 洗净的上海青对半切开，再切丝，改切成小块。
4. 用油起锅，倒入鸡肉丁，翻炒几下至其松散、变色。
5. 下入切好的上海青、秀珍菇，快速炒匀至断生。
6. 倒入备好的鸡汤，搅拌匀，再加入少许盐，拌匀调味，略煮片刻。
7. 待汤汁沸腾后倒入备好的软饭。
8. 拌匀，用中火煮沸。
9. 撒上花生粉，拌匀。
10. 续煮一会至其溶化，关火后盛出即成。

喂养小贴士

花生粉沾水后比较黏，所以撒上花生粉后要快速地拌匀，以免其凝成团。

鲑鱼香蕉粥

材料：

鲑鱼 60 克，去皮香蕉 60 克，水发大米 100 克

喂养小贴士

鲑鱼富含不饱和脂肪酸和大脑发育所需的 DHA，有助于儿童大脑和身体的发育生长。

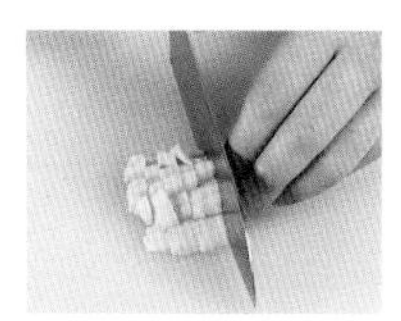

❶ 香蕉切丁。

❷ 洗净的鲑鱼切成丁。

❸ 取出榨汁机，将泡好的大米放入干磨杯中。

❹ 磨约 1 分钟至大米粉碎。

❺ 取下磨杯，将米碎倒入盘中，待用。

❻ 砂锅置火上，注入适量清水。

❼ 倒入米碎，搅拌均匀。

❽ 加盖，用大火煮开后转小火续煮 30 分钟。

❾ 揭盖，放入切好的香蕉丁。

❿ 倒入鲑鱼丁，搅匀，煮约 3 分钟，盛出即可。

牛肉胡萝卜粥

喂养小贴士

煮好的粥关火后先不揭盖，让它焖5分钟左右，粥会变得更黏稠。

材料：

水发大米80克，胡萝卜40克，牛肉50克

❶ 将洗净的胡萝卜切丝。

❷ 将洗好的牛肉切片。

❸ 沸水锅中倒入牛肉，汆除血水，捞出沥干，放凉。

❹ 将放凉的牛肉切碎。

❺ 砂锅注入少许清水烧热，倒入牛肉、大米。

❻ 炒约2分钟至食材转色。

❼ 放入切丝的胡萝卜，翻炒片刻至断生。

❽ 注入适量清水，搅匀。

❾ 加盖，用大火煮开后转小火煮30分钟。

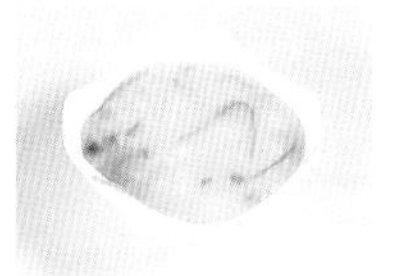

❿ 揭盖，搅拌一下，关火后盛出煮好的粥即可。

胡萝卜炒牛肉

材料：

牛肉 300 克，胡萝卜 150 克，彩椒、圆椒各 30 克，姜片、蒜片各少许

调料：

盐、食粉、鸡粉、生抽、水淀粉、料酒、食用油各适量

做法：

1. 洗净的胡萝卜用斜刀切段，改切成片。
2. 洗好的彩椒、圆椒切块。
3. 处理好的牛肉切薄片，放入碗中。
4. 加入盐、生抽、食粉、水淀粉、食用油，抓匀，腌渍 30 分钟。
5. 沸水锅中倒入胡萝卜片、盐、油，煮约 1 分钟。
6. 再倒入彩椒、圆椒，煮至断生，捞出沥干。
7. 用油起锅，倒入姜片、蒜片、牛肉，翻炒至变色。
8. 放入焯过水的食材，炒匀、炒透，加入少许盐、生抽、鸡粉、料酒、水淀粉。
9. 用大火快速翻炒至入味。
10. 关火后盛出炒好的菜肴即可。

喂养小贴士

胡萝卜片先在热水里烫一下，能减少异味。

白菜肉卷

材料：

白菜叶 75 克，鸡蛋 1 个，肉末 85 克

调料：

盐 1 克，鸡粉 2 克，生抽 2 毫升，芝麻油、面粉各适量

做法：

1. 将肉末、鸡粉、盐、生抽、打散的蛋液拌匀，撒上适量面粉、少许芝麻油，快速搅拌至起劲，制成馅料。
2. 白菜煮软，放入适量馅料，包成白菜卷生坯。
3. 蒸锅上火烧开，放入蒸盘，用中火蒸约 10 分钟即可。

板栗牛肉粥

材料：

水发大米 120 克，板栗肉 70 克，牛肉片 60 克

调料：

盐 2 克，鸡粉少许

做法：

1. 清水烧开，放入大米，开后用小火煮约 15 分钟。
2. 揭盖，再倒入洗好的板栗，加盖，中小火煮约 20 分钟至板栗熟软，倒入备好的牛肉片，拌匀。
3. 加入少许盐、鸡粉，用大火略煮，至肉片熟透即成。

胡萝卜粳米粥

材料：

水发粳米 100 克，胡萝卜 80 克，葱花少许

调料：

盐、鸡粉各 2 克

做法：

1. 锅中注烧开，倒入胡萝卜丁、粳米，搅拌匀。
2. 盖上盖，烧开后用小火煮约 35 分钟，至食材熟透。
3. 揭盖，加入少许鸡粉、盐，搅匀，撒上葱花即成。

Chapter 5　常见病食谱：对症下“食”让宝宝更健康

宝宝生病了怎么办？爸爸妈妈往往在此刻都揪着心，慌乱不已。除了带宝宝去医院及时接受治疗，我们也需要在日常饮食上面合理搭配，让宝宝早日康复，健康每一天。

m&n bear

宝宝常见病症调养指南

宝宝常见病症有哪些？有什么样的表现症状？在饮食上有什么需要注意的地方？在这章都会有详细的讲解。

0~6岁宝宝常出现的一些病症

1 宝宝厌食

厌食是一种以儿童长期厌恶进食、食量减少为主要表现的疾病，在小儿期间很常见。

症状

呕吐、食欲减退、腹泻、便秘、腹胀、腹痛和便血等。长期如此，孩子会出现面色萎黄、形体消瘦的情况。厌食的症状常伴随其他系统疾病出现，尤其多见于中枢神经系统疾病及多种感染疾病。

多种食物搭配，合理喂养，饮食清淡柔软、易消化，忌食生冷、油腻食物，饭前半小时不进食等。

饮食指导

2 宝宝腹泻

儿童腹泻是各种原因引起的以腹泻为主要临床表现的肠胃功能紊乱综合征。发病年龄多在2岁以下，1岁以内约占50%。

症状

主要表现为排便次数增多、粪便稀薄，或伴有发热、呕吐、腹痛等症状及不用程度的水电解质、酸碱平衡紊乱。轻微的腹泻，患儿精神较好，无发热的症状。

儿童腹泻期间忌脂类含量高的油腻食物，如肥肉、动物肝脏、蛋类等；同时也忌食纤维素含量高、生冷的蔬果，如菠萝、柠檬、柑橘、白菜等。

饮食指导

3 宝宝贫血

贫血是指人体外周血红细胞容量减少，低于正常范围下限的一种常见的临床症状。

症状

表现为容易疲乏烦躁、食欲减退、淋巴肿大、消化不良、皮肤蜡黄、头发稀疏等。

一般以益气补血的食物最佳，如猪肉、牛肉、动物血、猪肝、红枣、赤豆、菠菜、樱桃、石榴等。

饮食指导

4 宝宝便秘

小儿便秘是指儿童持续2周或2周以上排便困难，发生率为0.3%~28%。

症状

一般包含四个方面：每周排便次数少于3次，严重者可2~4周排便一次；排便时间较长；大便形状发生改变，粪便干结；排便困难或费力，有排便不尽感。

进食过少或食品过于精细、缺乏残渣，对结肠运动的刺激就会减少，易便秘。应增加蔬菜和水果及富含纤维素食物的摄入，补充缺乏的营养。

饮食指导

5 宝宝缺锌

锌缺乏是摄入、代谢障碍所致的体内锌含量过低的现象，造成缺乏引起各种症状。

症状

缺锌时宝宝可能会出现厌食、生长发育落后、异食癖、皮肤黏膜症状、易感染等现象。

尽量避免长期吃精制食品，饮食注意粗细搭配，多吃富含锌的食物，如猪肉、羊肉、动物肝、蟹肉、虾皮、鸡肉、鸡鸭蛋黄等，必要时可以服用补锌制剂。

饮食指导

6 宝宝缺钙

正常人的血钙维持在2.18~2.63毫摩尔/升，如果低于这个范围，则认定为缺钙。

症状

夜惊夜啼，容易出虚汗、偏食厌食、烦躁不安、免疫力低下、骨骼发育不良、出牙晚、说话迟等。

牛奶、豆浆等，豆类，鱼虾类，榛子、花生等干果，海带、木耳、香菇、芝麻酱以及许多绿色蔬菜等都是钙的良好来源。

饮食指导

7 宝宝缺碘

机体因缺碘导致的一系列疾病，以前名为地方性甲状腺肿和地方性克汀病。

症状

身材矮小、黏液水肿，有不同程度的智力伤残直至白痴，严重的会引起耳聋，是“呆小症”的罪魁祸首。

烹饪时使用含碘盐，并食用富含碘的食物，例如海带、紫菜、贝类、禽蛋类、乳制品等。

饮食指导

8 宝宝风寒感冒

风寒感冒是风寒之邪外袭、肺气失宣所致。

症状

表现出面色苍白、怕冷、流清水鼻涕、打喷嚏、咳嗽、咳痰清稀、不发热或轻微发热、口不渴、咽部不红肿等症状。

感冒期间忌食滋补、油腻、酸涩的食物，宜吃发散风寒、消炎解毒的食物，如洋葱、大蒜、南瓜、生姜、葱白等。

饮食指导

9 宝宝风热感冒

风热感冒是风热之邪犯表、肺气失和所致。

症状

表现为发热不退、面色红、鼻塞不通、鼻流浊涕、咳嗽有痰、痰液黏稠色黄、咽痛红肿、口干喜欢喝水等症状。

感冒期间应忌食滋补、油腻、酸涩的食物，宜吃下火散热的食物，如马蹄、雪梨、萝卜等。

饮食指导

10 宝宝百日咳

百日咳是一种由百日咳杆菌引起的急性呼吸道传染病。

症状

咳嗽数声后即出现屏气发绀，易致窒息、惊厥。呼吸动作在呼气期可停止，心率先增快，继而减慢乃至停止。

不能吃辛辣、肥厚、油腻的食物，多吃新鲜蔬果、豆腐、大蒜、动物胆、罗汉果等。

饮食指导

11 宝宝手足口病

手足口病为肠道病毒感染传染病，以发热、口腔溃疡和疱疹为特征。

症状

患儿手足以及臀部会有疱疹或丘疹，并有红晕，皮疹无明显痛感，不留疤痕；一般口腔内同时有疱疹，伴有疼痛、流涎、拒食、发热等。

宜进食清热、解毒之清淡食品，如绿豆、赤小豆、绿豆芽、百合、黄瓜、冬瓜、丝瓜、苦瓜、荸荠、马蹄、茭白、芦笋、冬笋、鲜藕、红白萝卜、茼蒿、小白菜等。

饮食指导

红豆南瓜饭

喂养小贴士

红豆以无虫屎等小颗粒、色泽鲜红、颗粒大小均匀饱满为佳。

材料：

水发红豆30克，水发大米50克，南瓜70克

做法：

1. 将去皮洗净的南瓜切片。
2. 备好电饭锅，倒入大米和红豆。
3. 放入南瓜片，注入适量清水，搅匀。
4. 盖盖，按功能键，调至“五谷饭”图标，进入默认程序，煮至食材熟透。
5. 按下“取消”键，断电后揭盖，盛出煮好的南瓜饭即可。

鸡内金红豆粥

喂养小贴士

鸡内金以完整、个大、色黄者为佳。

材料：

水发大米140克，水发红豆75克，葱花少许，鸡内金少许

做法：

1. 砂锅中注入适量清水烧开。
2. 倒入备好的鸡内金、红豆。
3. 放入洗好的大米，拌匀。
4. 盖上盖，煮开后小火煮30分钟至熟。
5. 揭盖，搅拌均匀。
6. 关火后盛出煮好的红豆粥，撒上葱花即可。

糖醋胡萝卜丝

材料：

胡萝卜 250 克，青椒丝、蒜末各少许

调料：

盐 16 克，味精、蚝油、白糖、陈醋、食用油各适量

做法：

1. 沸水加盐、胡萝卜丝煮 1 分钟，捞出放入清水中浸泡。
2. 油烧热，倒入蒜末、青椒丝炒香，倒胡萝卜丝拌炒。
3. 加入盐、味精、蚝油、陈醋、白糖，炒匀调味，快速拌炒匀，使胡萝卜入味即成。

山楂藕片

材料：

莲藕 150 克，山楂 95 克

调料：

冰糖 30 克

做法：

1. 将洗净去皮的莲藕切成片；洗好的山楂切成小块。
2. 锅中注水烧开，放入藕片、山楂，加盖，煮 15 分钟。
3. 揭盖，倒入冰糖，快速搅拌至冰糖溶入汤汁中即可。

酸甜莲藕橙子汁

材料：

莲藕 100 克，橙子 1 个

调料：

白糖 10 克

做法：

1. 适量清水烧开，倒入莲藕块，煮 1 分钟捞出沥干。
2. 取榨汁机，倒入莲藕和切块的橙子，榨取蔬果汁。
3. 揭盖，加入适量白糖，再次选择“榨汁”功能，搅拌均匀，倒入杯中即可。

山药脆饼

材料：

面粉 90 克

去皮山药 120 克

豆沙 50 克

白糖 30 克

调料：

食用油适量

做法：

1. 山药对半切开，切粗条，切块，装碗。
2. 山药块蒸熟后取出，放入保鲜袋中碾成泥。
3. 将山药泥放入大碗中，倒入 80 克面粉，注入约 40 毫升清水，搅拌均匀。
4. 将山药泥及面粉揉搓成光滑面团，套上保鲜袋，饧发 30 分钟。
5. 取出面团，撒少许面粉，搓条下剂，压成饼状。
6. 撒上剩余面粉，用擀面杖擀薄成面皮，放入适量豆沙，收紧开口，压扁成圆饼生坯。
7. 用油起锅，放入饼坯，煎至两面焦黄。
8. 再次翻面，稍煎片刻至脆饼熟透。
9. 关火后盛出煎好的脆饼，装盘。
10. 均匀撒上白糖即可。

喂养小贴士

山药以密度大、须毛多、切面肉质呈雪白色者为佳。

栗子粥

喂养小贴士

板栗以外壳褐色、质地坚硬、表面光滑、无虫眼、无杂斑者为佳。

材料：

水发大米 80 克，板栗 80 克，枸杞 10 克

调料：

白糖适量

做法：

❶ 备好电饭锅，加入大米、板栗、枸杞、适量清水，调至“米粥”状态，煲煮 2 小时。

❷ 打开锅盖，搅拌片刻。

❸ 将煮好的粥盛出装入碗中即可。

焦米南瓜苹果粥

喂养小贴士

炒大米前，锅中可以滴少许食用油，这样食材就不容易炒煳了。

材料：

大米 140 克，南瓜肉 140 克，苹果 125 克

做法：

❶ 南瓜肉切小块，苹果去皮去核改小块。

❷ 锅置火上，倒入大米，炒出香味，转小火，炒至米粒呈焦黄色，装盘待用。

❸ 砂锅中注入适量清水烧热，倒入炒好的大米，搅拌匀。

❹ 加盖，煮至米粒变软，揭盖，倒入南瓜肉，放入苹果块，搅散、拌匀。

❺ 盖盖，中小火续煮约 15 分钟，至食材熟透，揭盖，搅拌一会儿即可。

酸甜蒸苹果

材料：

苹果 2 个

做法：

1. 洗净的苹果切瓣，去核。
2. 取两个碗，分别呈花瓣式摆放好切好的苹果。
3. 取电蒸锅，注入适量清水烧开，放入苹果，盖上盖，蒸煮约 10 分钟即可。

苹果土豆粥

材料：

水发大米 130 克，土豆 40 克，苹果肉 65 克

做法：

1. 苹果肉切丁，土豆切碎。
2. 砂锅中注入适量清水烧开，倒入洗净的大米，盖上盖，烧开后转小火煮约 40 分钟。
3. 揭盖，倒入土豆碎，煮至断生，再放入切好的苹果，煮至散出香味，关火盛出即可。

苹果玉米粥

材料：

玉米碎 80 克，熟蛋黄 1 个，苹果 50 克

做法：

1. 苹果去皮去籽剁碎，蛋黄切成细末。
2. 砂锅中注入适量清水烧开，倒入玉米碎，烧开后用小火煮约 15 分钟至其呈糊状。
3. 揭开锅盖，倒入苹果碎，撒上蛋黄末，搅拌均匀，关火盛出即可。

板栗雪梨米汤

材料：

水发大米 85 克

雪梨 110 克

板栗肉 20 克

做法：

❶ 洗好的板栗切开，再切成小块。

❷ 洗净去皮的雪梨切升，去核，再切成小块。

❸ 将板栗磨成粉末，装入小碗，待用。

❹ 再选择干磨刀座组合，倒入大米，选择“干磨”功能，将大米打碎，倒出待用。

❺ 取榨汁机，倒入雪梨，榨取果汁。

❻ 断电后倒出榨好的雪梨汁，滤入碗中，待用。

❼ 砂锅中注入适量清水烧开，倒入米碎，加盖，烧开后用小火煮约 30 分钟。

❽ 揭盖，倒入雪梨汁，搅匀，再盖上盖略煮片刻。

❾ 揭开锅盖，放入板栗碎，加盖，用中火续煮约 10 分钟至食材熟透。

❿ 揭开锅盖，搅拌均匀，关火后盛出即可。

喂养小贴士

板栗具有益气健脾、补肾强筋、活血止血等功效。

猪肝豆腐汤

喂养小贴士

猪肝以质均软且嫩，手指稍用力可插入切开处，熟后味鲜、柔嫩者为佳。

材料：

猪肝 100 克，豆腐 150 克，葱花、姜片各少许

调料：

盐 2 克，生粉 3 克

做法：

1. 沸水锅中倒入豆腐，拌煮至断生。
2. 放入已经洗净切好，并用生粉腌渍过的猪肝，加入姜片、葱花，煮至沸。
3. 加少许盐，拌匀调味，用小火煮约 5 分钟，至汤汁收浓，关火盛出即可。

核桃黑芝麻枸杞豆浆

喂养小贴士

核桃仁的皮膜有轻微的涩味，可以去除后再打浆。

材料：

枸杞、核桃仁、黑芝麻各 15 克，水发黄豆 50 克

做法：

1. 把洗好的枸杞、黑芝麻、核桃仁、黄豆倒入豆浆机中。
2. 注入适量清水，盖上豆浆机机头，开始打浆。
3. 待豆浆机运转约 15 分钟，即成豆浆。
4. 将豆浆机断电，取下机头，把煮好的豆浆倒入滤网，滤取豆浆。
5. 倒入碗中，用汤匙撇去浮沫即可。

桂圆红枣补血糖水

材料：

桂圆红枣补血糖水材料包 1/2 包（桂圆肉、枸杞、红枣、蜜枣、冰糖），水 800~1000 毫升

调料：

冰糖适量

做法：

❶ 将材料包的材料清洗干净，滤出待用。

❷ 锅中倒入清水、食材，大火煮开转小火煮 40 分钟。

❸ 揭盖，加入适量冰糖搅匀，加盖，续煮 10 分钟即可。

红枣枸杞双米粥

材料：

水发小米 20 克，水发糯米 20 克，红枣 2 颗，枸杞 5 克

调料：

冰糖 20 克

做法：

❶ 焖烧罐中加入小米、糯米，注入煮沸至八分满，摇晃后静置 1 分钟，揭盖，将开水倒出。

❷ 接着往焖烧罐中倒入红枣、枸杞、冰糖，注入煮沸的清水至八分满，旋紧盖子，摇晃片刻，焖 3 小时即可。

黑芝麻粥

材料：

水发大米 80 克，黑芝麻 20 克，白糖 3 克

做法：

❶ 备好电饭锅，倒入水发大米、黑芝麻、白糖，再注入适量清水，搅拌片刻。

❷ 选择“米粥”状态，煲煮 2 小时。

❸ 打开锅盖，搅拌片刻，装碗即可。

菠菜猪肝粥

材料：

水发大米 200 克

猪肝 40 克

菠菜 20 克

彩椒 20 克

高汤 800 毫升

调料：

料酒 3 毫升

盐适量

做法：

1. 洗净的彩椒去籽切条，再切粒。
2. 择洗好的菠菜去根切成小段。
3. 处理好的猪肝切成片，待用。
4. 猪肝装入碗中，放入料酒、适量盐，腌渍片刻。
5. 高汤注入锅中大火烧开，再转小火蓄热。
6. 备好焖烧罐，放入大米、彩椒、菠菜、猪肝，注入沸水至八分满。
7. 盖上盖子，摇晃片刻，预热 1 分钟，将水倒出。
8. 将煮沸的高汤倒入至八分满，盖上盖，摇晃均匀，焖 3 小时。
9. 待时间到揭开盖，加入盐，搅拌匀。
10. 将焖好的粥盛出装入碗中即可。

喂养小贴士

菠菜含蛋白质、脂肪、碳水化合物、维生素、铁、钾、胡萝卜素、磷脂等成分。

芝麻杏仁粥

喂养小贴士

杏仁应选颗粒大、均匀、饱满、有光泽的。

材料：

水发大米120克，黑芝麻6克，杏仁12克

调料：

冰糖25克

做法：

1. 锅中注入适量清水，用大火烧热，放入杏仁、大米、黑芝麻拌匀。
2. 加盖，大火煮沸，转小火煮30分钟。
3. 取下盖子，放入备好的冰糖，拌匀。
4. 再用中火续煮一会，至糖分完全溶化。
5. 关火后盛出煮好的粥，装碗即可。

芹菜糙米粥

喂养小贴士

芹菜以叶色嫩绿、茎平直、根部为实心者为佳。

材料：

水发糙米100克，芹菜30克，葱花少许

调料：

盐适量

做法：

1. 洗净的芹菜切碎，待用。
2. 锅中倒水烧热，倒入糙米，拌匀。
3. 加盖，大火煮开后转小火煮45分钟至米粒熟软。
4. 掀开锅盖，倒入芹菜碎，搅拌匀。
5. 将粥盛出装入碗中，撒上葱花即可。

南瓜小米糙米糊

材料：

南瓜丁 200 克，水发小米 160 克，水发糙米 140 克

做法：

1. 取豆浆机，倒入备好的糙米、小米、南瓜丁，注入适量清水，至水位线。
2. 盖上机头，选择“米糊”项目，再点击“启动”，待机器运转 35 分钟，煮成米糊。
3. 断电后取下机头，倒出煮好的米糊，装在小碗中即可。

葱香芹菜玉米粥

材料：

水发大米 100 克，玉米粒 100 克，芹菜 60 克，姜丝、葱花各少许

调料：

盐 2 克，鸡粉 2 克，胡椒粉少许

做法：

1. 砂锅中注水烧开，倒入大米，加盖用小火煮 30 分钟。
2. 揭盖，放入姜丝、玉米粒，煮 5 分钟，加入盐、鸡粉。
3. 放入芹菜粒，煮 1 分钟，撒入胡椒粉、葱花，拌匀即可。

大麦糙米饭

材料：

水发大麦 200 克，水发糙米 160 克

做法：

1. 取一个碗，倒入泡好的大麦、糙米，倒入适量清水，搅拌匀。
2. 蒸锅上火烧开，放入食材，盖上锅盖，中火蒸 40 分钟至熟。
3. 掀开锅盖，将米饭取出即可。

什锦蔬菜汤

材料：

白萝卜 350 克，西红柿 60 克，黄豆芽 30 克，苦瓜 40 克，葱 10 克

调料：

盐 3 克，鸡粉 2 克，食用油适量

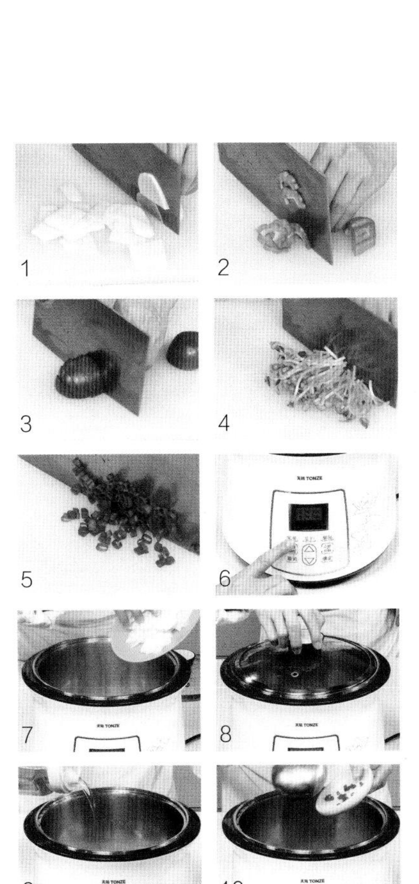

做法：

1. 将去皮洗净的白萝卜切成片。
2. 洗好的苦瓜切开，去除籽，改切成片。
3. 洗净的西红柿切成片。
4. 洗好的黄豆芽切去根部。
5. 葱切成葱花。
6. 取炖盅，加入约 1000 毫升清水，加盖烧开。
7. 揭盖，倒入切好的苦瓜、白萝卜、黄豆芽、西红柿。
8. 盖上盅盖，选择“家常”功能中的“快煮”功能，煮 15 分钟至熟透。
9. 加入适量食用油、鸡粉、盐，拌匀调味。
10. 加入葱花，拌匀，将煮好的蔬菜盛入碗中即成。

喂养小贴士

白萝卜含有大量的维生素 A 和维生素 C，是保持细胞间质的必需物质。

宝宝水痘

美味莴笋蔬果汁

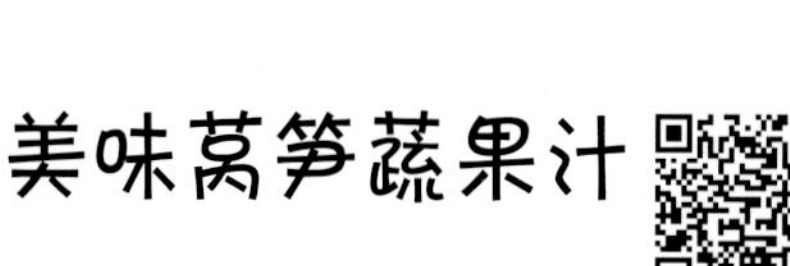

喂养小贴士

哈密瓜以瓜身坚实微软、有香味为佳。

材料：

莴笋 100 克，哈密瓜 100 克

调料：

白糖 15 克

做法：

1. 莴笋去皮切丁，哈密瓜切小块。
2. 锅中注入适量清水烧开，倒入莴笋，搅拌匀，煮约半分钟，捞出待用。
3. 取榨汁机，倒入食材、矿泉水，榨汁。
4. 断电后揭盖，加入白糖，盖上盖子，通电后再搅拌一会儿，倒出即可。

绿豆冬瓜大米粥

喂养小贴士

冬瓜丁最好切得小一些，这样更容易煮熟。

材料：

冬瓜肉 150 克，水发绿豆 50 克，水发大米 100 克

做法：

1. 将洗净的冬瓜肉切片，改成丁。
2. 砂锅中注入适量清水烧开，倒入绿豆，盖上盖，烧开后用小火煮约 35 分钟。
3. 揭盖，倒入备好的大米，拌匀、搅散，加盖，用中小火煮约 30 分钟。
4. 揭盖，倒入冬瓜丁，加盖用小火续煮约 15 分钟，放适量冰糖，煮至溶化即可。

金银花连翘茶

材料：

金银花 6 克，甘草、连翘各少许

做法：

1. 砂锅中注入适量清水烧热，倒入备好的金银花、甘草、连翘。
2. 盖盖，烧开后小火煮约 15 分钟至其析出有效成分。
3. 揭盖，搅拌均匀，关火后滤入茶杯中即可。

甘蔗冬瓜汁

材料：

甘蔗汁 300 毫升，冬瓜 270 克，橙子 120 克

做法：

1. 冬瓜去皮切成薄片，橙子去皮切小瓣。
2. 锅中注水烧开，倒入冬瓜，煮 5 分钟，至其熟软，捞出待用。
3. 取榨汁机，倒入橙子、冬瓜，加入甘蔗汁，榨取蔬果汁，装入碗中即可饮用。

马齿苋绿豆汤

材料：

马齿苋 90 克，水发绿豆 70 克，水发薏米 70 克

调料：

盐 2 克，食用油 2 毫升

做法：

1. 砂锅中注水烧开，倒入薏米、绿豆。
2. 盖上盖，烧开后用小火炖煮 30 分钟，至食材熟软。
3. 揭盖，放入马齿苋段，加盖用小火煮 10 分钟。
4. 盖上盖，用小火煮 10 分钟，关火盛出即可。

红豆薏米银耳糖水

材料：

水发薏米 30 克

水发红豆 20 克

水发银耳 40 克

去皮胡萝卜 50 克

调料：

冰糖 30 克

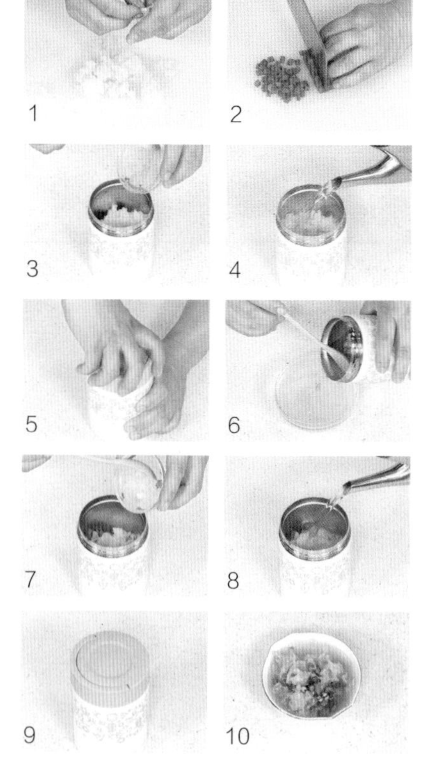

做法：

❶ 洗净的银耳切去黄色的根部，改切成碎。
❷ 胡萝卜切片，切成细条，改切成丁。
❸ 往焖烧罐中倒入薏米、红豆、胡萝卜丁、银耳。
❹ 注入刚煮沸的清水至八分满。
❺ 旋紧盖子，摇晃片刻，静置 1 分钟，使得食材和焖烧罐充分预热。
❻ 揭盖，将开水倒入备好的碗中。
❼ 接着往焖烧罐中倒入冰糖。
❽ 再次注入刚煮沸的清水至八分满。
❾ 旋紧盖子，焖 3 个小时。
❿ 揭盖，将焖好的糖水盛入碗中即可。

喂养小贴士

薏米以有光泽、颗粒饱满、颜色呈白色或黄白色、色泽均匀者为佳。

果仁粥

喂养小贴士

常食核桃有益于大脑的营养补充，具有健脑益智的作用。

材料：

花生米100克，核桃仁25克，水发大米100克

调料：

白糖适量

做法：

1. 砂锅中注水烧开，放花生米、核桃仁。
2. 倒入大米，加盖煮40分钟。
3. 揭盖，放入适量白糖，搅拌至溶化。
4. 关火后盛出即可。

清蒸鳕鱼

喂养小贴士

常食鳕鱼可以补充幼儿所需的营养，促进身体发育。

材料：

鳕鱼块100克

调料：

盐2克，料酒适量

做法：

1. 将洗净的鳕鱼块装入碗中，加入适量料酒、盐，抓匀，腌渍10分钟至入味。
2. 将鳕鱼块放入烧开的蒸锅中。
3. 盖上盖，大火蒸10分钟至鳕鱼熟透。
4. 揭盖，将蒸好的鳕鱼块取出即可。

黑豆高粱米粥

材料：

水发黑豆50克，水发高粱米100克

做法：

1. 取出电饭锅，倒入黑豆、高粱米。
2. 盖上盖子，按下“功能”键，调至“米粥”状态，电饭锅自动煮至成粥。
3. 按下“取消”键，打开盖子，搅拌一下即可。

白萝卜牡蛎汤

材料：

白萝卜丝30克，牡蛎肉40克，姜片、葱花各少许

调料：

盐2克，鸡粉2克，料酒10毫升，芝麻油、胡椒粉、食用油各适量

做法：

1. 清水烧开，倒入白萝卜、姜丝、牡蛎肉、食用油、料酒，加盖，焖煮5分钟，揭开锅盖，淋入少许芝麻油。
2. 加入胡椒粉、鸡粉、盐，搅拌片刻，撒上葱花即可。

羊肉虾皮汤

材料：

羊肉150克，虾米50克，蒜片、葱花各少许

调料：

盐2克

做法：

1. 高汤煮沸，放入虾米、蒜片，加盖用小火煮约10分钟。
2. 揭盖，放入羊肉，加盖，烧开后煮15分钟，揭盖，加少许盐，拌匀，关火后盛出，撒上葱花即可。

丝瓜虾皮猪肝汤

材料：

丝瓜 90 克，猪肝 85 克，虾皮 12 克，姜丝、葱花各少许

调料：

盐 3 克，鸡粉 3 克，水淀粉 2 毫升，食用油适量

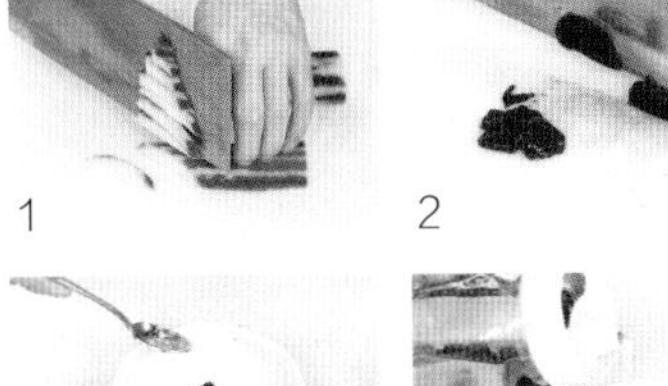

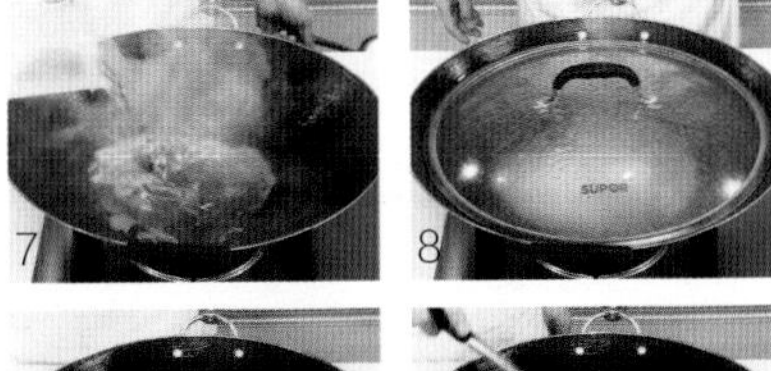

做法：

1. 将去皮洗净的丝瓜对半切开，切成片。
2. 洗好的猪肝切成片。
3. 把猪肝片装入碗中，加少许盐、鸡粉、水淀粉。
4. 拌匀后再淋入少许食用油，腌渍 10 分钟。
5. 锅中注油烧热，放入姜丝，爆香，再放入虾皮。
6. 快速翻炒出香味。
7. 倒入适量清水。
8. 盖上盖子，用大火煮沸。
9. 揭盖，倒入丝瓜，加入盐、鸡粉，拌匀后放入猪肝。
10. 用锅铲搅散，继续用大火煮至沸腾，盛出装入碗中，撒入葱花即可。

喂养小贴士

猪肝具有维持正常生长和生殖机能的作用，还能保护眼睛，维持正常视力。

牛奶蒸鸡蛋

喂养小贴士

牛奶钙质丰富，能够强健骨骼。

材料：

鸡蛋2个，牛奶250毫升，提子、哈密瓜各适量

调料：

白糖少许

做法：

1. 鸡蛋打散，提子对半切，哈密瓜挖球。
2. 把白糖倒入牛奶中搅匀，将搅匀的牛奶加入蛋液中，搅拌均匀后放入蒸笼。
3. 蒸20分钟后，打开盖子，把蒸好的牛奶鸡蛋取出。
4. 放上提子和哈密瓜即可。

三文鱼豆腐汤

喂养小贴士

三文鱼以鱼皮黑白分明、鱼头短小、肉质结实而富有弹性者为佳。

材料：

三文鱼、莴笋叶各100克，豆腐240克，姜片、葱花各少许

调料：

盐、鸡粉、水淀粉、胡椒粉、食用油各适量

做法：

1. 莴笋叶切段，豆腐切块，三文鱼切片。
2. 把鱼片装入碗中，加入适量盐、鸡粉、水淀粉、食用油，腌渍10分钟。
3. 锅中注水烧开，倒入油、盐、鸡粉、豆腐，加盖煮沸，揭盖，放胡椒粉、姜片。
5. 倒入莴笋叶，放入三文鱼，煮熟即可。

豆腐蛋花羹

材料：

鸡蛋 1 个，南豆腐 100 克，骨汤 150 克，小葱末适量

做法：

1. 鸡蛋打散，豆腐捣碎，骨汤煮开。
2. 豆腐下入骨汤内小火煮，加适量盐进行调味。
3. 撒入蛋花，煮熟盛出，最后点缀小葱末。

鱼腥草炖鸡蛋

材料：

鱼腥草 25 克，鸡蛋 1 个

做法：

1. 炒锅注油烧热，转小火，打入鸡蛋，用中火煎至两面熟透，盛出备用。
2. 砂锅中注清水烧开，倒入切好的鱼腥草，盖上盖，烧开后用小火煮约 15 分钟。
3. 揭盖，倒入煎好的荷包蛋，盖上盖，用中火煮约 5 分钟至熟即可。

榛仁豆浆

材料：

榛子仁 150 克，水发黄豆 230 克

调料：

白糖适量

做法：

1. 取豆浆机，倒入备好的榛子仁、黄豆，注入适量清水至水位线。
2. 盖上豆浆机机头，选定“湿豆”键，启动机子打浆。
3. 将豆浆盛入碗中，加入少许白糖，搅拌溶化即可。

海带萝卜排骨汤

材料：

排骨段 100 克，海带结 30 克，去皮胡萝卜 30 克，姜片 5 克，葱花 3 克

调料：

盐 1 克，料酒 5 毫升

做法：

1. 胡萝卜对半切开，切片。
2. 沸水锅中倒入洗净的排骨，汆烫约 2 分钟，捞出沥干，装碗待用。
3. 焖烧罐中倒入汆好的排骨、海带结、胡萝卜片。
4. 注入开水至八分满，加盖摇一摇，预热 1 分钟。
5. 取下盖子，倒出水分。
6. 焖烧罐中加入姜片、料酒，开水至八分满。
7. 加上盖子，焖 4 小时至食材熟软、汤汁入味。
8. 取下盖子，加入盐。
9. 搅匀调味。
10. 将汤品装碗，撒上葱花即可。

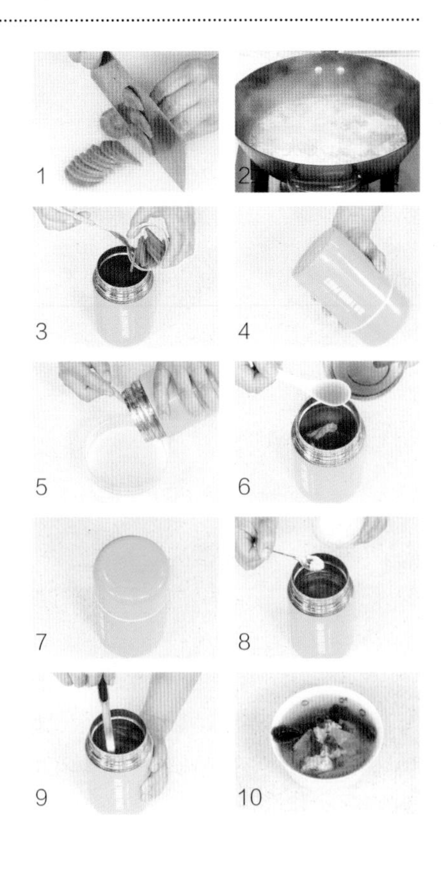

喂养小贴士

海带以体质厚实、形状宽长、干度适宜、色浓褐或黑绿为佳。

海藻海带瘦肉汤

喂养小贴士

干海带里面会藏有很多细沙，因此要多清洗几次。

材料：

水发海藻 60 克，水发海带 70 克，猪瘦肉 85 克，葱花少许

调料：

料酒 4 毫升，盐、鸡粉各 2 克，胡椒粉少许

做法：

1. 海带切小块，猪瘦肉切薄片。
2. 把肉片装入碗中，加入盐、水淀粉、料酒，拌匀，腌渍约 10 分钟。
3. 清水烧开，倒入海带、海藻，煮至沸。
4. 放入肉片，煮至熟透，加入盐、鸡粉。
5. 盛出后撒少许胡椒粉，点缀葱花即可。

凉拌海藻

喂养小贴士

焯煮海藻的时间可适当长一些，这样能去除其有害物质，有益健康。

材料：

水发海藻 180 克，彩椒 60 克，熟白芝麻 6 克，蒜末、葱花各少许

调料：

盐 3 克，鸡粉 2 克，陈醋 8 毫升，白醋 10 毫升，生抽、芝麻油各少许

做法：

1. 将洗净的彩椒切粗丝，备用。
2. 适量清水烧开，放入少许盐、白醋。
3. 倒入海藻、彩椒丝，断生后捞出。
4. 把焯煮好的食材装入碗中，撒上蒜末、葱花，加入少许盐、鸡粉。
5. 加陈醋、芝麻油、生抽，搅拌 1 分钟。
6. 撒上熟白芝麻，摆好盘即成。

决明子海带汤

材料：

决明子 16 克，海带 150 克

调料：

盐 2 克，鸡粉 2 克

做法：

❶ 海带洗净切块，卷成长条，绑海带结。

❷ 锅中注水烧开，倒入海带结、决明子，加盖，烧开后用小火煮约 20 分钟。

❸ 揭盖，加入盐、鸡粉，搅拌入味，关火盛出即可。

海带绿豆汤

材料：

海带 70 克，水发绿豆 80 克，冰糖 50 克

做法：

❶ 海带切小块。

❷ 锅中注水烧开，倒入绿豆，加盖，烧开后用小火煮 30 分钟。

❸ 揭盖，倒入海带、冰糖，加盖后续煮 10 分钟至食材全部熟透。

❹ 揭盖，搅拌片刻，盛出即可。

莲藕海带汤

材料：

莲藕 160 克，水发海带丝 90 克，姜片、葱段各少许

调料：

盐、鸡粉各 2 克，胡椒粉适量

做法：

❶ 莲藕去皮洗净，切成厚片。

❷ 砂锅中注清水烧热，倒入海带丝、藕片、姜片、葱段，加盖，烧开后用小火煮约 25 分钟。

❸ 揭盖后加少许盐、鸡粉、胡椒粉，搅匀盛出即可。

蒸海带肉卷

材料：

水发海带 100 克，猪肉馅 120 克，葱花 3 克，姜蓉 4 克

调料：

盐 2 克，生抽 3 毫升，芝麻油 2 毫升，料酒 2 毫升，干淀粉 5 克，五香粉少许

做法：

1. 肉馅装入碗中，放入料酒、姜蓉、生抽。
2. 再放入盐、五香粉，搅拌均匀。
3. 放入十淀粉，再次搅拌至上劲。
4. 倒入备好的葱花，淋上芝麻油，搅匀，腌渍 10 分钟。
5. 将泡发好的海带铺在砧板上，将肉馅倒入。
6. 用筷子将肉馅铺平在海带上。
7. 再将海带慢慢卷起制成肉卷。
8. 将卷好的海带两头修齐，切成均匀的段。
9. 取一个蒸盘，将海带卷摆入。
10. 电蒸锅注水烧开，放入海带卷，盖上锅盖，调转旋钮定时 15 分钟至熟即可。

喂养小贴士

猪肉含有蛋白质、脂肪、碳水化合物、钙、铁、磷等成分，具有补肾养血、滋阴润燥等功效。

宝宝风寒感冒

姜糖茶

喂养小贴士

姜丝切得细一些，才更容易析出有效成分。

材料：

生姜 45 克

调料：

红糖 15 克

做法：

1. 洗净去皮的生姜切成薄片，再切成细丝，备用。
2. 砂锅中注入适量清水烧开，放入姜丝。
3. 调至大火，煮 1 分 30 秒。
4. 调小火，倒入适量红糖，搅拌至糖分溶解，关火后成出即可。

葱白炖姜汤

喂养小贴士

姜具有发汗解表、温中止呕、温肺止咳等功效。

材料：

姜片 10 克，葱白 20 克

调料：

红糖少许

做法：

1. 砂锅中注入适量清水烧热。
2. 倒入备好的姜片、葱白，拌匀。
3. 盖上盖，烧开后用小火煮约 20 分钟至熟。
4. 揭开盖，放入红糖，搅拌匀。
5. 关火后盛出煮好的姜汤即可。

双白玉粥

材料：

粳米 50 克，大白菜半颗，大葱白 20 克，生姜 10 克

调料：

盐少许

做法：

1. 大白菜洗净，切片；大白葱和生姜洗净，切片。
2. 粳米加水熬粥，沸腾后加入大白菜、大葱白和生姜，共煮至白菜、大葱变软，粥液粘稠时，加少许盐即可。

姜丝萝卜汤

材料：

生姜 25 克，萝卜 50 克

调料：

红糖适量

做法：

1. 生姜洗净，切丝；萝卜去皮，洗净切片。
2. 将生姜和萝卜一起放入锅中，加水适量，煎煮 10~15 分钟，再加入适量红糖，稍煮 1~2 分钟即可。

红薯姜糖水

材料：

红薯 200 克，姜片 10 克

调料：

红糖 25 克

做法：

1. 红薯切滚刀块，倒入砂锅中，注入适量清水烧开，撒上备好的姜片。
2. 盖上盖，烧开后用小火煮约 20 分钟，至食材熟透。
3. 揭盖，放入备好的红糖，拌匀，煮至溶化即可。

葱白炒豆芽

材料：

黄豆芽 30 克，红彩椒、黄彩椒各 20 克，葱白适量

调料：

盐、鸡粉各 1 克，水淀粉 5 毫升，食用油适量

做法：

❶ 洗净的黄豆芽切去根部。
❷ 洗好的彩椒切丝。
❸ 用油起锅，倒入葱白，爆香。
❹ 放入切好的黄豆芽，翻炒均匀。
❺ 倒入切好的彩椒。
❻ 翻炒 1 分钟至食材熟软。
❼ 加入盐、鸡粉，炒匀调味。
❽ 加入水淀粉。
❾ 炒匀至收汁。
❿ 关火后盛出菜肴，装盘即可。

喂养小贴士

黄豆芽具有淡化色斑、保护皮肤、滋润清热、利尿解毒等功效。

菊花茶

喂养小贴士

枸杞具有增强免疫力、延缓衰老、缓解疲劳、补肝明目等功效。

材料：

菊花 10 克，枸杞 15 克

做法：

1. 取一碗清水，放入枸杞，清洗干净，捞出沥干。
2. 另取一个茶杯，放入备好的菊花，注入适量温开水，冲洗一下。
3. 倒出杯中的水分，备用。
4. 再次向杯中注入适量开水，至九分满。
5. 撒上枸杞，焖一会儿，趁热饮用即可。

蜂蜜柠檬菊花茶

喂养小贴士

柠檬的味道较酸，蜂蜜的用量可适当多一些，以改善茶汁的口感。

材料：

柠檬 70 克，菊花 8 克

调料：

蜂蜜 12 克

做法：

1. 将洗净的柠檬切成片，备用。
2. 砂锅中注入适量清水，用大火烧开，倒入菊花，撒上柠檬片。
3. 盖上盖，煮沸后用小火煮约 4 分钟，至食材析出营养物质。
4. 揭盖，轻轻搅拌一会儿，关火后盛出煮好的茶水，装入碗中。
5. 趁热淋入少许蜂蜜即成。

银耳莲子马蹄羹

材料：

水发银耳 150 克，去皮马蹄 80 克，水发莲子 100 克，枸杞 15 克

调料：

冰糖 40 克

做法：

1. 马蹄切碎，莲子去心。
2. 清水烧开，倒入马蹄、莲子、银耳，大火煮开转小火煮 1 小时，加入冰糖、枸杞，加盖，续煮 10 分钟即可。

蜂蜜蒸红薯

材料：

红薯 300 克

调料：

蜂蜜适量

做法：

1. 红薯洗净去皮，切成菱形块，装入盘中。
2. 蒸锅中注水烧开，放入红薯，加盖用中火蒸 15 分钟至红薯熟透。
3. 取出后稍稍放凉，淋上蜂蜜即可。

生姜枸杞粥

材料：

水发大米 150 克，枸杞 12 克，姜末 10 克

做法：

1. 砂锅中注入适量清水烧开，倒入大米，搅匀，用大火煮沸。
2. 放入姜末，搅匀，加盖煮 30 分钟至大米熟软。
3. 揭盖，倒入洗净的枸杞，搅拌匀，转中火煮至断生。
4. 关火，盛入碗中即可。

腐竹玉米马蹄汤

喂养小贴士

马蹄具有止渴、消食、解热等功效。

材料：

排骨块 200 克，玉米段 70 克，马蹄 60 克，胡萝卜 50 克，腐竹 20 克，姜片少许

调料：

盐、鸡粉各 2 克，料酒 5 毫升

做法：

1. 胡萝卜片切滚刀块，马蹄对半切开。
2. 排骨入沸水氽去血水，捞出沥干。
3. 砂锅注水烧开，倒入排骨、胡萝卜、马蹄、玉米，加料酒、姜片，拌匀。
4. 加盖，用小火煲 1 小时。
5. 揭盖，倒腐竹，加盖，小火煮 10 分钟。
6. 揭开盖，加入少许盐、鸡粉，搅拌匀，至其入味，关火后盛出煮好的汤即可。

雪梨川贝无花果瘦肉汤

喂养小贴士

川贝可以压碎或压成粉末状，这样可以更好地发挥其药效。

材料：

雪梨 120 克，无花果 20 克，杏仁、川贝各 10 克，陈皮 7 克，瘦肉块 350 克，高汤适量

调料：

盐 3 克

做法：

1. 雪梨切块，陈皮泡发后刮去白色部分。
2. 瘦肉入沸水锅中焯煮 2 分钟，捞出过冷水，装盘备用。
3. 砂锅中注入高汤，倒入瘦肉、无花果、杏仁、川贝、陈皮，搅拌均匀。
4. 加盖，大火煮沸后转小火煮 1.5 小时。
5. 揭盖，加少许盐，搅匀入味即可。

苹果橘子汁

喂养小贴士

橘子含有蛋白质、维生素C、胡萝卜素、柠檬酸、钙、磷、铁等营养成分。

材料：

苹果100克，橘子肉65克

做法：

1. 橘子肉切小块，苹果切小块。
2. 取榨汁机，选择搅拌刀座组合，倒入苹果、橘子肉。
3. 注入适量矿泉水，盖上盖，选择“榨汁”功能，榨取果汁。
4. 断电后揭开盖，倒出果汁。
5. 装入杯中即可。

百合莲子红豆沙

喂养小贴士

把红豆倒在淡盐水里，完全浸没在水中就是好的红豆。

材料：

水发红豆80克，水发莲子50克，水发百合30克

调料：

白糖50克，水淀粉适量

做法：

1. 锅中清水烧热，倒入洗净的百合、莲子、红豆，搅拌均匀。
2. 盖上锅盖，用大火煮沸后，转小火煮30分钟至食材熟软。
3. 揭盖，倒入白糖，煮至白糖完全溶化。
4. 倒入少许水淀粉勾芡，再煮片刻即可。

橘枣茶

材料：

红枣10枚，橘皮10克

做法：

1. 把红枣洗净晾干，放在铁锅内炒焦。
2. 取橘皮和红枣二味一起用开水冲泡即可。

紫草二豆粥

材料：

紫根草、绿豆、赤小豆、粳米、甘草各30克

做法：

紫根草、绿豆、赤小豆、粳米、甘草一起加水煮粥。

山药苹果汁

材料：

苹果100克，去皮山药80克，生姜40克

做法：

1. 苹果去核切小块，山药去皮切丁，生姜去皮切成片。
2. 取榨汁杯，倒入苹果块、山药丁、生姜片，注入适量清水。
3. 盖上盖，榨汁即可。

芦笋煨冬瓜

材料：

冬瓜 230 克，芦笋 130 克，蒜末少许

调料：

盐 1 克，鸡粉 1 克，水淀粉、芝麻油、食用油各适量

喂养小贴士

焯煮芦笋时加点食用油，可防止芦笋变黄。

❶ 洗净的芦笋用斜刀切段。

❷ 洗好去皮的冬瓜切开，去瓤，切小块。

❸ 沸水锅中倒入冬瓜块、食用油，煮约半分钟。

❹ 倒入芦笋段，拌匀，煮约半分钟，至食材断生。

❺ 捞出焯煮好的材料，沥干水分，待用。

❻ 用油起锅，放入蒜末，倒入焯过水的材料。

❼ 加入少许盐、鸡粉，倒入少许清水，炒匀。

❽ 用大火煨煮约半分钟，至食材熟软。

❾ 倒入少许水淀粉勾芡，淋入少许芝麻油。

❿ 拌炒均匀，至食材入味即可。

罗汉果银耳炖雪梨

喂养小贴士

经过烘烤的罗汉果干果色泽黄褐，颜色均匀，摇不响，表面上有细毛。

材料：

罗汉果 35 克，雪梨 200 克，枸杞 10 克，水发银耳 120 克

调料：

冰糖 20 克

做法：

1. 银耳泡发切小块，雪梨去核去皮切丁。
2. 锅中注适量清水烧开，放入枸杞、罗汉果、雪梨、银耳。
3. 盖上盖，烧开后用小火炖 20 分钟。
4. 揭开盖，放入适量冰糖，略煮至溶化。
5. 关火后盛出煮好的糖水即可。

鸡骨草罗汉果马蹄汤

喂养小贴士

瘦肉具有增强免疫力、补肾养血、滋阴润燥等功效。

材料：

鸡骨草 30 克，去皮马蹄 100 克，罗汉果 20 克，瘦肉 150 克，水发赤小豆 140 克，雪梨 150 克，姜片少许

调料：

盐 2 克

做法：

1. 瘦肉切块，倒入锅中汆煮片刻。
2. 砂锅中注水，倒入瘦肉、雪梨块、罗汉果、马蹄、姜片、赤小豆、鸡骨草。
3. 加盖，大火煮开转小火煮 3 小时，加入盐，搅拌至入味，装入碗中即可。

罗汉果菊花糙米粥

材料：

水发糙米 180 克，罗汉果 40 克，菊花 8 克

做法：

❶ 适量清水烧开，放入洗净的菊花、罗汉果、糙米，搅拌匀。

❷ 盖上盖，煮沸后用小火煮约 40 分钟，至食材熟透。

❸ 揭盖，搅拌匀，再用中火略煮一会儿，至米粥浓稠。

❹ 关火后盛出煮好的糙米粥即可。

太子参百合甜汤

材料：

鲜百合 50 克，红枣 15 克，太子参 8 克

调料：

白糖 15 克

做法：

❶ 砂锅中注入适量清水烧开，倒入太子参、红枣，放入百合。

❷ 盖上盖，煮沸后用小火煮约 20 分钟，至食材熟软。

❸ 揭盖，撒上适量白糖，搅拌至糖分完全溶化即成。

太子参瘦肉汤

材料：

太子参 10 克，海底椰 12 克，姜片 20 克，猪瘦肉 200 克

调料：

盐 2 克，鸡粉 2 克

做法：

❶ 砂锅中注入适量清水烧开，放入洗净的海底椰、太子参，撒入姜片。

❷ 倒入瘦肉片，盖上盖，烧开后用小火煮 40 分钟。

❸ 揭开盖，放入少许盐、鸡粉，略煮至食材入味即可。